徽州

传统聚落规划和建筑营建理念研究

卞利 主编

卞利 夏淑娟 张望南 邵国榔 著

全国百佳图书出版单位
时代出版传媒股份有限公司
安徽人民出版社

图书在版编目(C I P)数据

徽州传统聚落规划和建筑营建理念研究/卞利主编;卞利等著.—合肥 :安徽人民出版社, 2017.11

ISBN 978-7-212-09931-2

Ⅰ.①徽… Ⅱ.①卞… Ⅲ.①民居-建筑艺术-研究-徽州地区
Ⅳ.①TU241.5

中国版本图书馆 CIP 数据核字(2017)第 279952 号

徽州传统聚落规划和建筑营建理念研究

卞 利 主编

卞 利 夏淑娟 张望南 邵国榔 著

出 版 人:徐 敏　　责任印制:董 亮
责任编辑:李 莉　　封面设计:宋文岚

出版发行:时代出版传媒股份有限公司 http://www.press-mart.com
安徽人民出版社 http://www.ahpeople.com
合肥市政务文化新区翡翠路 1118 号出版传媒广场八楼
邮编:230071
营销部电话:0551-63533258 0551-63533292(传真)
印 制:合肥精艺印刷有限公司

开本:710mm×1010mm 1/16 印张:15.125 字数:250 千
版次:2017 年 12 月第 1 版 2017 年 12 月第 1 次印刷

ISBN 978-7-212-09931-2 定价:68.00 元

目 录

绪 论

第一章 徽州传统聚落的自然和文化特征

第二章 徽州传统村落的规划与营建理念和实践

第三章　徽州传统村落建筑中民居与村落的关系

第四章　世界文化遗产
——徽州传统村落黟县西递、宏村规划建筑理念与实践个案研究

第五章　徽州古民居营建理念与实践研究

第六章　徽州古祠堂的营建理念与实践研究

第七章　徽州传统村落中牌坊的营建理念与建造实践研究

第八章　徽州私塾和书院建筑的理念和实践

第九章　明清徽州村落园林建筑

第十章　徽州古桥的营建理念与实践研究

第十一章　徽州村落中的古戏台及其建筑特色

绪论

作为徽学研究三大重要的史料支撑，徽州聚落与古建遗存是指历史上徽州人在物质和精神生产与生活中，经过选择、规划、设计、建造而遗留下来的地面建筑群体及单体建筑设施。其时间范围，上可溯源自秦汉时期，下则为 1949 年之前；其空间范围，则界定在古徽州一府（州）所属歙县、休宁、婺源、祁门、黟县和绩溪六县地域（含徽州府前身豫章郡和丹阳郡时期的黟、歙二县，新都郡、新安郡、歙州、徽州全境）。这些聚落与古建遗存，是徽州先人留给我们的宝贵文化遗产，文化内涵非常丰富，学术价值弥足珍贵。对其营建与技术理念的挖掘和关键技术的传承具有重要的实践意义，它不仅有助于更好地保护和传承这份珍贵的历史文化遗产，而且有助于加深人们对底蕴丰厚的徽州文化的系统认识。

一、徽州聚落与古建遗存的类型及其数量分布

在徽州近 1.3 万平方千米的土地上，一座座古城、市镇和村落宛若串串撒落的珍珠，星罗棋布地镶嵌在山间盆地、溪流两岸和平缓山麓上。作为徽州人生产和生活的物化空间，徽州聚落与古建遗存经过千余年的历史积淀，能够保存到今天，可谓是价值连城。根据这些聚落和建筑遗存现有的状况，我们大体可将徽州文化遗存依次划分为古聚落（含水口）、古民居、古祠堂、古牌坊、古书院与学校（含文庙、文昌阁、私塾、考棚和书屋等）、古城（含古城墙、城门、谯楼和衙署等）、古街、古园林、古（镇）埠、古桥、古渡、古关隘、古碑刻、古塔、古道观、古庙宇、古亭台楼阁、古戏台、古作坊、古井和古窑址等类型。

徽州地处山区，四周群山环绕，山隔壤阻的自然环境使徽州形成一个相对封闭的地理单元，历史上较少受到兵燹战乱之灾。又由于自东汉末年以来至南宋之初相继接纳了来自中原地区躲避战乱的世家大族，故自唐宋以降即已发展成为聚族而居、经济繁荣和文化昌盛之区，“族大指繁，蕃衍绵亘，所居成聚，所聚成都，未有如新安之盛者”[①]，素来享有“东南邹鲁”“礼仪之国”和“文献之邦”的美誉。因此，与相邻地区相比，徽州聚落与古建遗存保留下来的数量为数众多。据不完全统计，在徽州聚落与古建遗存中，较为完整的古村落有 2000 余处，古民居近万处，古祠堂 600 余座，古牌坊 137 座，古戏台 30 余处，古桥 1276 座，古书院、书屋、考棚、文昌阁和文庙等 130 余处，古塔 17 座，各类亭台楼阁 200 余处，古碑刻 1000 余通（处）。其中既有列入世界文化遗产的黟县西递、宏村古村落，也有数十处传统徽州古村落、古祠堂、古戏台、古牌坊、古书院、古桥等古建筑群及单体建筑被

① 乾隆《重修古歙东门许氏宗谱》卷九《城东许氏重修族谱序》。

列入全国重点文物保护单位。至于省、市、县（区）重点文物保护单位，更是多达数百处之巨。

就地域性分布而言，在传统徽州六县中，长期作为徽州（府）治的歙县（含今徽州区）聚落与古建遗存数量最多，种类也最为齐全，几乎涵盖了古村落、古祠堂、古民居、古牌坊、古亭阁和古水利设施等所有类型。

二、徽州聚落与古建遗存的营建理念与文化内涵

由于徽州聚落与古建遗存是历史上徽州人物质生产生活与精神生活的空间，反映了自古以来徽州人生产与生活的真实面貌，蕴藏着极为丰富的营建理念和深刻的文化内涵，透视出徽州人精神深处较为隐秘的世界。因此加强对其进行系统而深入的探讨和研究，挖掘其关键技术，对我们复原和重构过去徽州人生产与生活的图景，具有纸质文献和其他可移动文物不可替代的功能与作用。正如俄罗斯作家果戈理所说的那样，“建筑同时还是世界的年鉴，当歌曲和传说已经缄默的时候，而它还在说话”。因此，作为还在说话的建筑，徽州聚落与古建遗存具有极其珍贵的历史、科学、文化和艺术价值。

徽州聚落与古建是千余年来徽州人生产和生活所遗留下来的珍贵文化遗产，而且更为重要的是，今天大部分文化遗存依然成为当代徽州人生产与生活的场所，尤其是元明清及民国时期的古村落、古民居、古祠堂、古桥、古亭台楼阁和古戏台等聚落及单体建筑，尽管历经了千余年历史的沧桑巨变，仍有不少被保存至今，并仍然在发挥着作用。这些遗存真实地记录了徽州人过去和今天的生活，是历史时期徽州人生产和生活场景和状况的真实再现。它为我们探讨和研究徽州人追求人与自然的和谐相处、徽州宗族动态运行、家庭与民众社区生活、信仰世界的变迁历程，提供了不可多得的连续性素材。不仅如此，庙宇、道观、古路亭和古桥等建筑遗存及其碑刻，还为我们了解和洞察徽州人最为隐秘的精神世界提供了很有价值的帮助。中国四大道教圣

地休宁齐云山和香火缭绕的祁门西峰寺，还有遍布各地的社屋以及供奉于许多廊桥上的神龛。这些数量巨大、类型丰富的古聚落与古建筑遗存，为我们剖析历史包括宗教信仰在内的徽州人口的精神生活，提供了最为不可多得的第一手实物资料。

徽州聚落与古建遗存是底蕴丰厚、博大精深的徽州历史文化的集中反映。历史上特别是明清时期，徽州教育发达，私塾、书屋、书院等教育场所遍布各地城市和乡村，无论平原旷野，还是山间僻壤，都出现了"十家之村，不废诵读"[①]，以至于"言海内书院最盛者四，东林、江右、关中、徽州，南北主盟，互为雄长"[②]。那么，徽州的书院、私塾和书屋等状况究竟如何？歙县古紫阳书院、雄村竹山书院、黟县南湖书院（以文家塾）和婺源养源书屋等遗存的完整保存，以及婺源福山书院、黟县碧阳书院和祁门东山书院的部分遗存，都在一定程度上见证了当年徽州书院和私塾教育的繁荣境况。而绩溪县考棚的完整遗存，更为我们全面了解徽州乃至全国县一级的考场状况提供了最为直观的物证。

至于徽商文化，我们从徽州各地遗存的徽州商人民居精雕细琢的石雕、木雕和砖雕，以及大量"商"字门的实物中，可以窥见其生活奢侈的情形和内心骄虚的一面。而热心筑路修桥和兴办教育等公益性事业，徽商尤其不惜斥予巨资，徽州各地的碑刻遗存就记载了徽商捐资筑路修桥和教育等公益性事业的事迹。

徽州聚落与各类古建筑所透视出的徽州文化内涵是系统的、全方位的，同时又是具体的、客观存在的。在利用文书、方志和家谱等文书文献资料研究徽学的同时，我们切莫忽视徽州聚落与各类古建筑遗存在徽学研究中的特殊地位。只有将文书文献资料和这些丰富的聚落及古建文化遗存有机地结合起来，我们才能够更加真实地复原和再现徽州历史文化的场景，才能把徽学研究推向深入。

---

① 嘉靖《婺源县志》卷四《风俗》。

② 康熙《徽州府志》卷十二上《人物志·硕儒》。

三、徽州聚落与各类古建筑遗存的学术价值

徽州聚落与各类古建筑遗存对徽学研究的学术价值同它的文化内涵一样，也是多方面的。

首先，徽州保存下来的数量和类型如此丰富的聚落与各类古建筑遗存具有珍贵的历史价值。由粉壁黛瓦马头墙等民居组成的徽州古村落随处可见，“遥望粉墙矗矗，鸳瓦鳞鳞，棹楔峥嵘，鸱吻耸拔，宛若城郭”[①]。以完整形态遗存的古村落如被列入世界文化遗产名录和全国重点文物保护单位的黟县西递和宏村，距今已有数百年历史。它宏大的规模、恢弘的气势和精雕细琢的工艺，都给我们真实了解明清以降徽商的生活提供了最为直接的依据和活的标本。而悬挂在西递笃敬堂那副“读书好营商好效好便好，创业难守成难知难不难”的木质楹联，则使我们真切体会到三百年前徽州人观念的变革。走在当年的徽商古道和两旁店肆林立的古镇如歙县渔梁、休宁万安、婺源清华、祁门侯潭和黟县渔亭等老街的石板路上，则又使我们仿佛回到了当年徽商所创造的繁华时代。徽州聚落和古建筑遗存是徽州人生产与生活最真实的客观存在，它为我们复原和再现徽州历史文化提供了最具说服力的证据。

其次，徽州聚落与古建筑遗存具有极为重要的建筑学价值。以依山傍水、山环水绕为聚落选址，以粉壁黛瓦马头墙、四水归堂为民居标志，以小桥流水人家为标识的古村落、以追求精致古朴为特色的传统徽州村落与园林设计，都是徽派建筑的典型特征。徽州近万处自元至民国时期的各类文化遗存，为我们了解和研究独具特色的徽派古聚落、古建筑营建理念和关键技术提供了最有价值的活的标本。元代遗构的徽州区西溪南绿绕亭、异地移建的潜口民宅等，这些建筑学上的辉煌成就，已引起越来越多海内外建筑学和历史学研究者的高度

①［清］程庭：《春帆纪程》，载《小方壶斋舆地丛钞》，杭州古籍书店 1985 年版影印本。

重视。对其进行调查整理、挖掘和研究，不仅有助于加深对徽州地域建筑流派的理论认识，而且对批判吸收和继承徽派建筑的营建理念，传承和创新其关键技术，也具有重要的实践价值。

复次，徽州聚落与古建遗存还拥有极高的艺术价值。现存近万处徽州聚落和古建筑遗存，几乎囊括了从官府到民间所有聚落群体和单体建筑的类型，尤其是聚落和建筑遗存中整体景观、人同自然和谐与共、天人合一以及聚族而居等理念，体现出了整体的艺术之美。而古建筑特别是古民居、古祠堂和古牌坊上精雕细琢的石雕、砖雕和木雕工艺以及三雕画面中所反映的人物、花鸟、虫鱼和戏文故事等各种内容，惟妙惟肖，栩栩如生，其艺术价值是不言而喻的。

最后，徽州聚落与古建遗存还具有重要的文物价值。南宋至明清时期，徽州宗族组织发达，社会稳定，教育繁荣，人文昌盛。富甲一方的徽商更是斥巨资，致力于村庄、园林、民居、祠堂、牌坊、学校、书院以及各种公共设施的建设，留下了大量丰富的聚落和古建筑遗存。如今，这些文化遗存从广义上来说，都已变成了文物。这些珍贵的地面文物，仅跻身于世界文化遗产名录的就有黟县西递和宏村两座古村落，更有包括许国石坊、棠樾牌坊群、渔梁坝、罗东舒祠、呈坎古村、潜口明宅、老屋阁和绿绕亭、龙川胡氏宗祠、西递宏村古村落和屯溪程氏三宅等数十余处遗存跻身全国重点文物保护单位之列。这些珍贵的地面文物，不仅具有重要的历史价值，而且具有无与伦比的文物价值。

徽州聚落与古建遗存广泛分布于古徽州六县，其中尤以歙县（含现黄山市徽州区）、婺源（现属江西省）和黟县为最多。这些文化遗存和现存的百余万件（册）徽州文书文献结合起来，直接构成了徽学研究的最基本资料支撑。也正是由于这些最为原始的第一手文书、文献和文化遗存资料，才使我们综合研究自宋以来徽州社会的综合时态成为可能。因此，就学术价值而言，徽州聚落与各类传统建筑遗存对徽学作为一门独立学科的形成与确立，具有其他纸质文书和文献所无法取代的功能和价值，是构成徽学学科最坚实的学术基础。因此，加强对徽州聚落和古建筑遗存的调查和研究，不仅对摸清现有徽州文化遗存的家底、提供最有价值的保护方案具有强烈的现实意义，而且更为重要的是，通过徽州聚落和古建筑遗存的深入研究，对徽学学科的推进和发展，尤其具有不可低估的理论意义。

第一章

徽州传统聚落的自然和文化特征

广义上的聚落是指人类聚居和生活的空间场所，一般可分为城市聚落和乡村聚落两种类型。狭义上的"聚落"则是专指古代的村落，《汉书·沟洫志》云："或久无害，稍筑室宅，遂成聚落。"聚落是聚落地理学的研究对象，聚落的民居建筑是某一特定地域的居民为适应当地自然环境和便于就地取材而创造出来的。它不仅具有显著的时代特征，还具有鲜明的地方和民族特色。

本书所研究的聚落主要是狭义上的聚落，即村落。

中国传统农业社会的聚落以村落为基本单元，一个个星罗棋布的村落构成了中国传统乡村社会的基本聚落格局。这些村落往往因地理环境、经济发展、人文环境和社会习俗的不同而呈现出迥然相异的特征，但就中国历史与现状的整体情况而言，这些传统村落在自然和人文上大多呈现出负阴抱阳与聚族而居的格局。

徽州地处山区，"新安介在名山大谷之中，四面环卫，众水旋绕"[①]依山傍水、山环水绕的地理环境决定了徽州村落的规划理念和建筑形式，亦必然是呈现出背山面水的布局和结构。徽州人素有崇尚堪舆风水的传统，在徽州人的观念中，一个村落的风水如何，直接决定了该村落的经济文化发达和宗族人丁兴旺与否。因此，在徽州传统村落的规划中，选址必须尊重当地的现有地形、地貌和地势条件，这是徽州村落规划选址的物质基础和前提条件。同时，在堪舆风水信仰笃行的徽州传统社会，村落的选址还非常注重精神理念，以所谓"卜居"的形式而选择村落的基址与布局，则是徽州人注重堪舆风水精神理念的一个集中体现。在徽州传统村落中，从整体选址到公共活动空间和私有民居布局，再到室内装饰和布置等，都呈现出自身鲜明的地域特征。对它们进行考察和研究，有助于我们更深入地理解和探讨历史上徽州人的生活、生产方式和精神世界的生活，并从而促进徽派建筑研究向更深层面拓展。

① 万历《休宁宣仁王氏族谱》卷首《詹沂·休宁宣仁王氏族谱序》。

一、徽州传统聚落的自然特征

作为一个非常典型的山区，徽州传统聚落拥有山区聚落的理想特征，这就是依山背水、负阴抱阳；同时，在无法实现上述理想特征的条件下，倡导尊重和适应聚落所在地的自然地形、地势和地貌特点，进行顺势而为的改造。

（一）依山傍水、负阴抱阳的理想特征

在徽州的传统聚落建设中，选址和规划是第一位，也是最重要的一个环节。正如明代崇祯年间纂修的休宁县《古林黄氏宗谱》所云："基址者何？所以聚庐而托处，亦所以宅身而宅心者也。"[①]

从中原世家大族移民徽州历史发展的过程来看，徽州包括村落在内的城乡聚落，几乎都是通过卜居的方式来确定。现存徽州各地各大宗族的家谱和村志等文献中，大量记载了该族始迁祖最初选择居住聚落即"卜居"及宗族繁衍的内容和过程，"自古贤人之居，必相其阴阳向背，察其山川形势"[②]。卜居就是选择聚落的居住环境，如歙县西溪南吴氏始祖、唐朝宣议郎吴光公，在唐懿宗咸通元年（860 年），为逃避战乱，从休宁凤凰山徙居歙县，精通堪舆风水理论的吴光公从三处可供选择的聚落基址中，选择了一处较为理想的居址，世代居住并繁衍了下来。这三块居址各有优劣，用堪舆家的话来说，就是"一曰莘墟，地刚而隘，山峭而偏，居之者主贵而不利于始迁；一曰横

① 崇祯《古林黄氏重修族谱》卷一《谱基址·基址图引》。
② 乾隆《汪氏义门世谱》卷首《东岸家谱序》。

渠，地广而衍，水抱，而居之者主富，而或来蕃于后胤；一曰丰溪（亦作丰谿）之南，土宽而正，地沃而厚，水揖而周，后世其大昌也，遂家焉”[①]。位于丰溪之南即丰乐河南岸的西溪南吴氏始迁祖经过精心的挑选，最后从莘墟、横渠和丰溪之南等三块基址中，最终选择了西溪南。这不能不说是徽州人选择聚落风水的一个典型代表。

图 1-1 依山傍水的绩溪县登源河畔仁里村

当然，无论是从传统堪舆风水意义上看，还是从人与环境的关系上说，背山面水、负阴抱阳都是徽州选择聚落聚址的一个最重要前提，前有来龙（即活水），后有倚山，这是堪舆家认为包括村落的聚落兴旺和人文发达的关键因素之一。黟县《屏山朱氏重修宗谱》为我们提供了徽州人对风水好坏与村落人文盛衰之间关系的最有价值的资料。屏山朱氏作为朱熹的后代，本来是枝繁叶茂、兴盛一时的，“溯紫阳之裔，居屏山之阳，练水聚堂，琴山列案，云仍叶奕，丕振人文。因川岳之钟灵，成新安之巨族”。但明朝嘉靖年间一场山洪将屏山村的山水冲圮，造成“山之拱者颠之，水之聚者泄之”。屏山朱氏宗族认为，村落风水的破坏，直接导致了该族人文的衰退，“村之人读

① 民国《丰南志》卷一《舆地志 · 沿革》。

书者无科名之显，为商者鲜囊橐之充。家业浇，人心涣。此无他，实由于祖冢之蔽悍，明堂之走泄，水口之低塌而致之也”[①]。为此，该宗族朱廷琏、朱廷贵等于万历十六年（1588年）动员宗族成员，公呈订立合同，全力修缮风水，以使屏山朱氏宗族再现往日的辉煌。徽州人就是这样笃信风水理论而将其视为聚落和宗族兴衰的关键。

在明清至民国时代的徽州，人们普遍认为，水口和龙山是一个聚落及人丁繁荣发达与否的标志。水口是一座聚落活水进入和流出的起点与终点，俗称“上水口”和“下水口”。为保护涵养和聚落的水口，徽州人在水口专门植有树木庇荫，不少聚落甚至不惜在水口上建有大量楼、台、亭、阁和桥梁等建筑设施，如现存的今歙县雄村水口的文昌阁、徽州区唐模村水口的沙堤亭和绩溪石家村水口魁星阁等，都是明清时期徽州水口亭、台、楼、榭和园林建筑的集中代表。而绩溪县庙子山村的上水口和下水口则分别建亭阁，供奉和祭祀关羽神像与观音菩萨，“上水口亭祀关壮缪，下水口祀观音”[②]。与水口相比，龙山则是一座村落的主要依托，来龙山又称“后龙山”，这是聚落的龙脉之所在，它的好坏直接关系到所在城镇和乡村聚落人群的福祉与灾祸。龙山不仅构成了聚落环境的主体，往往绵延数里、数十里甚至数百里，而且其山脚又往往是该聚落的发源地。在明清时代的徽州，其他林木、矿产、土石等可以在许可的条件下砍伐，但水口林、龙山林以及水口、龙山的林木土石及矿产，则绝对禁止砍伐和乱挖滥采。一旦砍伐或采掘了它，就等于斩断了这一聚落村落的龙脉，这是聚居于该聚落的宗族及民众根本无法接受和容忍的。乾隆年间，来自江西的窑工邹国仲，在黟县西北芙蓉嶂租山，采挖泥土，烧制砖瓦，后被全县士民呈词控告到黟县正堂，其理由就是邹国仲开挖泥土烧制砖瓦的芙蓉嶂是黟县全县的风水龙脉。该呈状指出：

邑城县治泮宫来龙发脉于西北三都、十二都界地方，土名芙蓉嶂。山下由此起落，束气深田坑，穿田过峡，展嶂耸顶，铺下五通殿数里平冈，历黄土岭、新亭、汪王亭、发龙坣、白沙岭等处，起伏曲折，以至东岳山顶左边落脉，城南入首，转折主簿墩而建县治，

① 民国《屏山朱氏重修宗谱》卷八《谱后·请给印簿公呈》。

② 民国《绩溪庙子山王氏谱》卷八《宅里》。

前起泮宫，自发脉至此一带，十有余里，皆属县龙，实阖邑官民、绅士命脉之所关也。因有江西窑匠邹国仲等于芙蓉嶂山下窝僻之处、县龙正身地方，觅租北向地业，将来龙山塝劈入，造窑烧砖，火灼龙脉。又在来龙山上塝下租挖泥土，做造砖瓦，有大小数十壜。今春二月，生等为禁坑县龙，过峡护石，始见邹国仲开窑挖泥之处，大有伤害一邑县龙。理阻，如故。

这是事关黟县县城风水龙脉可能被挖土烧窑破坏的控告案，其处理结果是知县准案，并判令邹国仲将窑拆去，地业交还汪姓。为避免再有人重蹈覆辙，乾隆四十六年（1781年），黟县知县顾学治专门颁布《保县龙脉示》并勒石严禁，云："呈内所载前项各土名地方，以及南向护山、北向至河，俱属有关县龙之处，永远不得自行出租与人开砌劈挖泥土，烧造砖瓦。附近居民，亦不许凿挖有关县龙石土，并种山药，种苕、埋苕窖等项损伤龙脉，一概禁止。"[①]此外，在棚民日益猖獗之际，嘉庆十年（1805年）和十六年（1811年），黟县知县苏必达和吴甸华还先后颁布了《禁水口烧煤示》《禁租山开垦示》和《禁开煤烧灰示》等告示[②]，借以保护该县的水口和龙脉。

不唯城镇聚落的龙山、水口与县民安危密切相关，而且乡村聚落的龙山、水口亦同村民祸福命运相倚。清代乾隆年间，婺源汪口俞氏宗族俞大璋等人在吁请婺源知县颁给该村严禁盗砍龙山向山林木的《告示》中，就曾指出："乡聚族而居，前藉向山以为屏障，但拱对逼近削石巉岩，若不栽培，多主凶祸。以故历来掌养树木，垂荫森森。自宋明迄今数百年间，服畴食旧，乐业安居，良于生乡大有裨益。""旦旦而伐，山必童赭；事关祸福，害切肌肤。生等协众佥议，酌立条规，重行封禁，永远毋得入山残害。即村内一切公事，均不许藉辞板摘，以启砍伐之端。"[③]黟县屏山村朱氏宗族也在专门敦请黟县知县颁示勒石，保护龙山风水，以"使来脉固而祖冢有安土之敦，荫木茂而水口无倾泻之虞"[④]。

① 嘉庆《黟县志》卷十一《政事志·塘堨》。
② 告示内容见嘉庆《黟县志》卷十一《政事志·塘堨》。
③ 清乾隆五十年十二月婺源县《严禁盗伐汪口向山林碑》，原碑现嵌于婺源县江湾汪口村旧乡约所墙内。
④ 民国《屏山朱氏重修宗谱》卷八《谱后·龙山禁碑》本。

“世家门第擅清华，多住山陬与水涯。到老不识城市路，近村随地有烟霞。”[①] 依山傍水、山环水绕是徽州传统聚落的主要特征，是徽州人寻求人与自然和谐相处的精神理念之结晶。歙县沙溪村“紫阳、问政诸峰秀耸，又有西流一曲环抱如弓”，所谓“背东北，面西南，平洋爽垲，二水回环，居此则子孙绳绳，未有纪极”。[②] 绩溪登源龙川村所处的地理环境，是徽州村落山环水绕特征的一个集中代表。这里东有龙川之口，登源之水，“东耸银屏，此为龙峰秀丽，此东方文星之妙也；南方文星天马，贵人北西耸。施如水浪而不高，山居于水口，正如执笏之状”[③]。正是这样一个山环水绕之地，才为龙川胡氏始迁祖胡焱所选中，成为胡氏总世代栖居繁衍之区。祁门营前的村落选址，“山锁紫溪迴不同，如狮如象两排空。千寻直上能降虎，万丈高撑独踞熊”[④]。显然，营前的村落选址依然是依山傍水的绝佳风水福地。

图 1–2 歙县唐模村水口及其建筑沙堤亭

① [民国] 许承尧：《歙事闲谭》卷七《新安竹枝词》，黄山书社 2001 年版，第 208 页。
② 乾隆《沙溪集略》卷一《源流》。
③ 民国《龙川胡氏祖宗谱·序》，1924 年抄本。
④ 同治《营前方氏宗谱》卷二《营前八景七言律诗》。

“地少人耕半是山，林深村落多依水”[①]。包括村落在内的明清时期的徽州聚落，正是建立在依山傍水、山环水绕自然环境下的自然聚落。不过，徽州各地不少聚落横穿而过的溪流，民居沿两岸呈整齐排列或扇状分布，从而形成所谓“水街”的村落景观，仍然是依山傍水的另外一种形式。这类村落较为典型者有歙县的唐模、婺源的理坑、黟县的屏山和绩溪的磡头等。

图 1–3 祁门县营前村落基址图

（二）尊重自然、顺势而为的改造观念

依山傍水、山环水绕固然是徽州聚落选址中较为理想的目标，但并不是所有徽州聚落都拥有和具备这样良好的地形和地势条件。有些聚落不傍山，有些聚落则又不依水，也就是说，在无山可依、无水可傍的地理环境中，宋明以来的徽州人特别是聚族而居的徽州宗族群体，并不是消极地面对和适应，而是积极地采取顺势而为的办法和手段，在尊重自然的理念指导下，别出心裁地进行创造性改造和规划设计，使整个聚落看起来依然不减山水俱佳、山环水绕的聚落环境。

例如，北宋初年，胡忠从浙江移居至绩溪县上庄宅坦，宅坦村由此开基。但整个宅坦村的村域位于大会山南支——竹峰山下，境内仅海拔千米以上的山峰就有两座，山势十分陡峭。村庄地貌为含中山的丘陵区，村内无河水可通可用，仅有一座被称为“龙井”的井水可资利用。该井“方形，深可三尺，水从石出，味甘而洌。旁有石兔二，骈形而立，作回头状。土人聚族而居，虽甚旱食用不竭”[②]。所以，宅坦村历史上又被称为“龙井村”。实际上，一眼所谓的“龙井”是根本无法解决村庄越来越多人口的生活用水需求的，更谈不上生产用水了。于是，胡氏宗族挖掘内部潜力，通过对村庄的改造，在村中开挖慕前塘，作为一村族人浆洗和淘米洗菜的生活用水来源，将本来极度缺水的村庄改造成为水波荡漾、杨柳依依、风光秀美的村落景观。

---

① [清]江中倚、江正心：《新安景物约编 · 并载诗句》。

② 乾隆《绩溪县志》卷一《方舆志 · 封域》。

顺应聚落地形和地势，并在原有基础上按照风水理论进行改造，这是明清至民国时期徽州聚落顺势而为、尊重自然的经常性做法。明代祁门县北部程氏宗族聚居村——善和村的程复曾真实记录了该村风水因时、因地、因事而不断整治的过程，题名为《风水说》，原文如下：

风水之说，由来尚矣。自陶（渊明）、郭（璞）、曾（遄）、杨（救贫）以下诸君子著书立言，已有证验。如吾善和，号多佳山水，其应验尤可信也。昔洪武、永乐间，吾乡诸公刻酷信其说，故于溪南出值鬻茅田降一带高地，栽莳株木，荫护一乡。又立券约，以图永久。后人见利忘义，不知所重，而其故实尚未泯没也。至宣德间，吾祖实山翁于前山下开塘一所，蓄水养鱼，缭以垣墙。本图有益，而术者乃谓似为囹圄之状。吾祖闻之，立为改正，无待人言。又至正统间，汇贞公兄弟于案山滨溪凿路若干丈，林村中人家凡见其处者，无不受祻。既有其验，人犹不省。彼石山碣头山垄，堪舆家号为禽星。至成化庚子，吾同居用衡兄凿平其山，造屋于上，应时先兄布政公得暴病而卒于官。又不几时，族叔宪副公感风症而殒于家。于是，一乡之人大骇之，以为风水之验，有如此也。遂集众毁其屋，而复其山。用衡兄乃不自咎，反奏告多人，经年不解。天灾屡见，数岁不宁，此尤见风水之验不诬也。吾兄用本公大惧风水之损，复鸠一乡之贤达，重立议约，申明前言，俾各家爱护四围山水，培植

图 1-4 绩溪县宅坦村中的慕前塘

竹木，以为庇荫。如犯约者，必并力讼于官而重罚之。凡居是乡者当自思，省务前人之规，悟以往之失，载瞻载顾，勿剪勿伐，保全风水，以为千百世之悠久之业，不可违约，以取祻败于后来也。[①]

可见，程复的《风水说》是在强调风水损害应验之恶果的背景下撰写，并动员全体村民爱护风水的。实际上，其所蕴含的尊重村落的自然环境、顺势而为整治和保护村落生态环境和村民生活生态环境的意义，是非常明显的。

最能反映尊重自然、顺势而为的村落自然特征的，还有祁门县的沙堤村。该村位于祁门西部，距县城约八十里，因“华峰拥其北，三台列其南，鹊峰立其东，龙山居其西，层峦叠嶂，抱泽环流，佳址也”[②]，而被叶氏始迁祖选中“卜居”。但这并不是简单地卜居，而是在尊重现有自然环境的基础上，顺势对其略加改造，使其更符合人居生活与风水理念。叶氏先人“命侍童携杖提筑，寻路探幽。陟华峰之巅，履三台之顶，登鹊峰之际，步龙山之厓。不数日，尽得其胜。华峰之脉发于历山，分于竹岭，趋百里，垣于沙堤。峰之下有赵泉，味甘而水洌，可疗病疠，人以为胜，且密迩吾居，因亭其上，以备游宴之乐也。峰之右麓为宇山，旧有土神，祝之必应，今建祠祀之，亦以神其灵也。循峰而北，则为百湖，其源数十里亦能旋舟楫。湖之西为泽山，其巅插云端，眇睍天际如卓笏然。至其所，犹有石鼎丹灶，广容百十人。询居民，则唐隐士所居，其名则与之俱往也。湖之口建小桥，亦亭其上”[③]。在尊重现有自然地形和地势的条件下，叶氏宗族通过对其进行人工改造与雕琢，使沙堤村成为一处风景秀丽、人与自然和谐相处的聚落。

正如婺源中云王氏宗族王子钜所指出的那样，村落的兴衰不仅在于选择依山傍水、负阴抱阳的自然环境，但更在于居住于此的人群。地与人之间的关系是一种彼此依存和互动的辩证关系，所谓“地无与于人乎？人不虚生，应地而生。人无与于地乎？地不自显，因人而显。是故地以基之，人以洩之，二者交相成者也”[④]。“人非地不杰，地非人不显”[⑤]，“物华天宝，人杰地

① 光绪《善和乡志》卷二《风水说》。
② 万历《沙堤叶氏宗谱》卷一《序》。
③ 万历《沙堤叶氏宗谱》卷一《序》。
④ 康熙《婺南云川王氏世谱》阳址图卷四《中云八景记》。
⑤ 康熙《婺南云川王氏世谱》阳址图卷四《中云八景记》。

灵”。的确，徽州传统聚落的选择与村落环境的改造，正是在这样一种尊重自然、寻求人地之间相互依存和良性互动的背景下展开的。

二、徽州传统村落的文化特征

历史上徽州宗族对社会及人群的控制十分严密，加上地理单元的限制，往往形成了一个村落就是一个强宗大族聚居的格局。正是所谓的“相逢哪用通姓名，但问高居何处村”①。“徽居万山中，而俗称易治，缘族居之善也。一乡数千百户，大都一姓。他族非姻娅，无由附居，且必别之曰客姓，若不使混焉。”② 聚族而居构成了徽州独特的文化生态环境。

（一）聚族而居的文化特征

聚族而居既是徽州传统村落的重要文化特征，也是徽州村落文化最为重要的内容之一。我们在大量的村落和家谱等文献中发现，四世同堂、五世同爨的现象在徽州比比皆是，有的大族因多世同居共爨、和睦相处、守望相助，甚至被朝廷旌表为所谓的“义门”。

在聚族而居的宗族群体中，商量和议决宗族、村庄事务，祭祀先祖和其他民间神灵等公共活动，是一些必须开展的经常性活动。而开展这一系列公共活动需要有一个规模相对较大的公共空间，家庙、祠堂和社屋等均是历史上徽州宗族活动的空间场所。仅以祠堂为例，在明清时期徽州聚族而居的村落中，往往建立和分布着总祠、支祠、家庙等众多祠宇，作为宗族、支族、

① [民国] 许承尧：《歙事闲谭》卷七《新安竹枝词》，黄山书社 2001 年版。
② [民国] 许承尧：《歙事闲谭》卷十八《歙风俗礼教考》，黄山书社 2001 年版，第 606 页。

门房的议事、祭祀与其他活动空间。明清以来，祠堂还逐渐发展成为宗族成员集体活动、族长发号施令的场所。“宗祠内所以栖先灵、修祀事，所贵尊严，不容亵玩。”[①]这是徽州宗族聚居村落的主要文化特征。

值得一提的是，同村落选址规划重视堪舆风水、卜地而居一样，明清至民国时期聚族而居的徽州村落中的公共建筑设施——祠堂也要进行精心的选择。明代婺源县中云村王氏宗祠的选址，就经历卜基和传说中的高人指点等环节，才最终确定下来。据乾隆《云川王氏世谱》云：“我族初议建祠，卜基荷花塘。忽有客问曰：‘君家作二祠耶？某处数十老人度地矣。’族求指示，果得斯址。”对此，该宗族的族人感慨道：“因知萃涣钟灵、保世滋大者，人谋、鬼谋，良非偶也。”[②]“奉先有千年之墓，会祭有万丁之祠，宗祐有百世之谱。”[③]徽州村落的宗族聚居，使得徽州村落祠堂林立，祖墓垒垒，家谱频修，各类宗族活动频繁展开。当然，明代中叶以降的徽州，随着商人和仕宦群体不断取得巨大的成功，对村庄的整体规划、祠堂等公共空间的营建以及民居的精雕细琢等，都在宗族血缘认同和文化认同的背景下达到了一种繁盛的巅峰状态。

图 1-5 全国重点文物保护单位——绩溪县龙川胡氏宗祠

① 佚名：《商山吴氏宗法规条》，明万历抄本。
② 乾隆《婺南云川王氏世谱》卷一《祖源图》。
③ 乾隆《绩溪县志》卷首《序》。

然而，值得注意的是，多姓共居村落由于耕地、溪流、田产、山场、坟墓等边界的争执与纠纷等矛盾，有时也不可避免地会产生一些矛盾和纷争，严重者甚至会引起宗族成员之间的武装械斗，但所幸历史上徽州发生宗族械斗的事件不多，“间有一二人口角之争，为全族械斗之事，但幸不数见耳”[①]。

（二）井井有条的村落秩序

村落是一处人群居住的自然聚落，也是居住于此的人群的文化中心。如何对村落进行有效规划与管理，使村落成为秩序井然、经济发达和人文昌盛的富裕文明之区，这是村落建筑的规划者和管理者面临的重要问题。作为聚族而居的徽州村落，明清时期的村落规划与管理极富地域特色。

在传统徽州特别是明清至民国时代的徽州，聚居的宗族村落在村庄规划建筑设施与村族事务的管理上，体现更多的还是其浓郁的宗族色彩。规范的宗族族规、祠堂的祠规，在“一村无二姓”[②]的单一大姓聚居村落中，不仅是约束宗族成员的戒条，“规约者，约同堂之人也”[③]，也是约束整个村庄全体民众的基本规范。休宁县古林黄氏宗族对古林村村庄建设的整体规划非常详尽，被堪舆风水师称为绝佳之区。为加强对这一整体规划环境的保护，古林黄氏宗族特地列举曾经旧邻程氏“生齿不广”、人丁不旺，“迨万历间，惜乎后裔而止”的教训，特定立规要求村族成员一定要保护和维持这一规划与设计，不得随意增加、改建或破坏建筑设施，云：“吾黄氏世承厥土，振振绳绳，非前人种积之深，而能至乎？《书》曰：‘天道福善，其斯之调欤。’为子孙者，当念祖宗一脉，共此土，同此居，礼让相尚，有无相周，患难相援，挽回浇漓之风，谨守先人之业，在天之灵庶妥而慰之乎。敢布愚悰，惟冀共勉。”[④]特别是村落和宗族的公共活动空间的建筑设施，绝对不许损毁、变卖或破坏。对此，明万历年间祁门县清溪郑氏宗族在《规训》中设立专门条款，明确规定：“子孙贫难至鬻基产者，势不能禁，惟承祖众存门面、厅堂、祠屋、庄基、仆舍、墓山、祀产不许变卖。祖有明文，节有戒约，违者

---

①民国《歙县志》卷一《舆地志·风土》。
②康熙《藤溪陈氏宗谱》卷七《附录》。
③雍正《潭渡孝里黄氏族谱》卷四《家训·敦睦堂家规引》。
④崇祯《休宁古林黄氏重修族谱》卷二《基址图记》。

准不孝论。外人谋买，虽富强，众共告官取复。”[1] 同是明万历年间，休宁县茗洲吴氏宗族也对村族的公共设施祠厅屋宇制定了完备的管理制度，规定：“管年之家，十日一洒扫。有坏漏处，将公堂银依时修缮，虽时时暂有费，然费少而实宁永也。祠楼下左右毋许诸妇经布，其匠人、经布、杂作使用，听之，但不许租用桌凳。其门阑屋前庭墀，不许晒谷，曬苎浆线，放猪于内。违者，罚米三升。”[2] 再如，清代歙县桂溪项氏宗族在遵照祖父遗命、创建救济族种的义仓时，就同时创设了管理的规条，对义仓的救济对象、救济方式、义仓命名和义仓的修理费用等，都进行了规范，内容十分细致，“项氏义仓贮租谷以赡族之四穷无告者，在村心函三堂之右。嘉庆元年上门二十九世士瀛兄弟遵祖父遗命，建设仓屋，内进楼堂三间，置重墙，外两庑，设廒六间，每廒可贮谷二百五十石，又三间为每秋佃户交谷之所。中门颜曰：丰储乐利。又外为义仓大门，两傍店屋四间半，出赁收息，以为岁时修理之用”[3]。祁门县程氏宗族聚居中心——善和村，明代中叶就制定了极为详尽、系统的管理村落和宗族的规约《窦山公家议》。该书的《管理议》明确指出：“管理众事，每年五大房各壹人轮值。……凡事属兴废大节，管理者俱要告各房家长，集家众，商榷干办。”[4] 在休宁县的茗洲村，聚居于此的吴氏宗族明代即为宗族与村庄的管理制定规条，这些家规不仅适用于吴氏宗族成员，而且适用于全体村民。如保护村庄环境和及时修缮厅屋，《家规》就明确规定：“本族前后山竹木并水口中洲墩上杨木等柴，往往有毁害者。今后倘访获，砍木竹一根者，罚罚银壹两；损枝桠者，罚罚银壹钱，不可轻恕。”“厅宇。管年之家，十日一洒扫。有坏漏处，将公堂银依时修缮，虽时时暂有费，然费少而实宁永也。”[5] 祁门文堂村聚居的陈氏家族甚至把明王朝朝廷所倡导的乡约推广至宗族和村庄内部，使村庄事务与宗族事务合为一体。制定于明朝隆庆六年（1572 年）的祁门《文堂乡约家法》，作为文堂村宗族与村庄事务管理的所谓“村规民约”，即是经过祁门县知县廖希元亲自审定批准颁行

---

① 万历《祁门清溪郑氏家乘》卷四《祖训》。
② 万历《休宁茗洲吴氏家记》卷七《家典记》。
③ 嘉庆《歙县桂溪项氏族谱》卷二十二《祠祀》。
④［明］程昌著、周绍泉校注：《窦山公家议校注》卷七《管理议》，黄山书社 1993 年版，第 13 页。
⑤ 万历《茗洲吴氏家记》卷七《家典记》。

的，具有地方法规性质的村庄宗族管理规则。“兹幸我邑廖侯莅任，新政清明，民思向化。爰聚通族父老会议闻官，请申禁约，严定规条，俾子姓有所凭依。庶官刑不犯，家法不坠。或为一乡之善俗，未可知也。”[①]

聚居于婺源江湾村的江氏宗族，在其编纂的《萧江全谱》的《祠规》中，一再谆谆告诫居住于该村的村民，无论同姓异姓，都要“谦和敬让，喜庆相贺，患难相救，疾病相扶持。彼此协和，略无顾忌”[②]。这些管理规条的制定和落实，实际上正是传统徽州村落秩序得以不断维系的基石之所在。

图 1-6 祁门县文堂村的奉宪勒案碑

① 隆庆《文堂乡约家法》（不分卷）。
② 万历《萧江全谱》仁集卷一《祠规》。

第二章

徽州传统村落的规划与营建理念和实践

一、徽州传统村落的规划营建理念

徽州传统村落有着丰富而科学的营建理念，这些理念包括堪舆风水的选择理念，也包括天人合一、天人感应和儒家伦理、道家道法自然等思想。

（一）天人合一的村落基址选择理念

“天人合一”理念不仅是中国古代哲学的重要命题，而且也是中国传统村落基址选择的重要理念支撑，徽州传统村落的选址尤其如此。

徽州人在村落基址的选择上秉承“天人合一”的理念，其重要表现便是追求人与自然环境的和谐相处，“人法地，地法天，天法道，道法自然”，道家和儒家思想在“天人合一”的理念上很多是一致的。当然，儒家思想可能更多强调的是“天人感应”“君权神授”的观念。“天人合一”，师法自然，视自然界为有灵，并在尊重自然的同时，细微地修饰和改造自然，这是徽州传统村落基址选择的一个极为重要的精神理念。民国初年，绩溪县上庄镇龙井胡氏宗族聚居村宅坦村就在族规中明确指出：“阴、阳二基之关盛衰大矣，然吉地本自天成，辅相正需人力。倘龙穴、沙水一处受伤，则体破气散，焉能发福？堪舆家示人堆砌种树之法，皆所以保全生气也。吾族阴、阳二基，宜共遵此法，尤必严禁损害。倘有贪利忮刻之徒，或掘挖泥土，或砍斫薪木，不分己地、人地，罚银壹两入祠，仍令其禁山安宅。”① “吉地本自天成”一语，正是徽州村落基址选择坚持的基本理念。对此，徽州不少村落在选择基址时，特别强调基址的风水好坏，或以动物之形比喻之，或以官帽、文笔之形而称赞之。景色如画的歙县石潭村的基址，就是徽州诸多遵循“天人合一”理念而选择的代表性村落之一。民国十六年（1927 年）纂修的《石潭吴氏宗谱》在《形势》卷中指出：“村形如燕窝，叠峦重嶂，四面拱围，环绕周密。其来龙自天井岩（又名龙池尖，相传昔有龙潜于此，故名）。龙发脉，腾腾起伏，至来龙山起，项木星火，首前有纱帽，凸金字面朝山即笔架山。左有太平山，关阑水口如屏障焉。其岭曰密岭，岭外有石崭山，火象之形，亦水口之保障也。水有大河，自右而左，流经村前，形如腰带，名‘槐源’，属北方亥子水，其源出自水竹坑，至里流至村外，合溪口，与昌源相会，流入深渡。新安江左有米砂坑，直向西流于坑口阙。出口属仓库水，来龙左手，分布一股，上水青龙，由米砂坑过堂上，流经村中，至槐华树柮，金钱落柜，出口与白虎砂即蛇形接合，以作近案。经曰：千层环抱，不如眠弓。一案能遮百煞，而今上水、青龙水已由人力关阻，此皆天人之形势也。”②

“天人合一”要求人们与自然、与周围的环境合为一体，和睦融洽地和谐相处，视大自然为人类的朋友。徽州传统村落的选址，可以说绝大多数都是在寻求与自然山水和周边环境的基础上，经过精心选择而最终确定下来的，这一理念恰恰是《阳宅十书》中所倡导的“人之居处，宜以天地山河为主，其来脉气势最大，关系人祸福，最为切要”③观念的集中体现。

在歙县南乡的长陔巨川村，毕琢之在《巨川里居记》中，曾用一年之四季和一日之朝暮来描绘了如画的人与自然山水合为一体的怡人环境，云：“巨川介于昌风、雁洲二村之中。……其水清冽，有鱼鳖虾蟹之类；其山高峻，多松杉柏竹之材；其地硗薄，无良田之可耕；其民勤俭，藉种山之为业。其

① 民国《明经胡氏龙井派宗谱》卷首《明经胡氏龙井派祠规》。
② 民国《石潭吴氏宗谱》卷二《石潭纪》。
③ ［明］王君荣：《阳宅十书》卷一《论宅外形第一》。

出产之品，则以茶叶为最著；其所食之物，则以玉蜀黍为主要。昔吾祖顺友公爱其山川幽雅，风俗淳厚，因而家焉。厥后子孙昌盛，日益发展，散居于巨川源者，几占十之七八焉。因病涉川之艰险，乃于巨川源口之上流架木为桥，以通来往之行者。由源口而入二里，有岭巍然，曰'巨岭'。盖此岭乃通水路必由之捷径也。缘溪而上升约四里，始达于其巅。其巅有庙，曰'巨岭庙'。此间风景甚美，东望水路山川之苍翠，人烟之簇集，与夫风帆之上下；西望街源，旷野之秀丽，峰峦之错杂，间有云气之起伏，使人徘徊良久而不忍去也。巨岭之麓而入数百步，有地藏王庙在焉，其神凡有祈祷，无不感应。曾有士女来崇拜者，从庙之里而上升，山势壮丽，左右二山环抱者，徐婆坞也。其上有高岩，壁立数十仞，岩镇头古木森森者，后岩上也，斯二处数十家，皆毕氏所居。至于石坪、里庄、塘坞、横坞及黄荆山等处，皆山水之佳者。若夫村妇早炊，宛如伐鼓；农夫晚归，尝见戴月。夏逢暴雨，川流初分浊清；秋降严霜，山色如加彩绚。春暖则拾翠寻芳；冬寒则拥炉抱膝。此村居之朝暮四时风景也。"①

图 2-1 歙县长陔村远眺

"天人合一"的徽州村落基址选择理念，就是在这样一种将人与天地山川和万事万物视为一个有机整体的背景下展开的。

① 民国《巨川毕氏宗谱》卷二《巨川里居记》。

（二）山“形”水“势”的村落规划理念

“天、地、人”之间的和谐与统一，是传统村落规划和营建追求的理想目标，《阳宅十书》《黄帝宅经》等风水著作对理想的村落规划的总体环境要求是：前临朝山、后依来龙，两山把守水口、水须围抱作环形，最好兼有形似官帽、笔锋等山体主文运等。堪舆风水先生或称地师依据自然山形水势，实地勘察，通过“觅龙、察砂、观水、点穴、定向”等程序，结合徽州丰山富水的自然环境，为传统村落符合风水理想模式营建提供了较多的选择。徽州四周群山环绕，沿新安江及其支流分布的盆地与谷地，“其间山田交半，顾平岗土阜，胥可筑屋；中夹平原，颇开朗”[①]，处于相对封闭而安闲的状态，是一个避世偏安与安享生活的理想场所。

从家谱材料看，歙县《桂溪项氏族谱》记载桂溪项氏所居村落得山水形势。其山之形胜在于它地处歙之上南群峰，有金盆、岑山、壶山、上坞、下坞、东山等分布，“屹峙四塞”，成为村落的屏障，又“有莲华、涌垛等拱卫于十里或数十里外，与桂里诸峰遥相掩映，益增此屯雄秀”。“环翠之流潆洄，林木丛茂，土地肥美，中夷广而外扼塞，路有五出皆通大街”，其水之胜在于，“浙江界出水源有二，一自岩岭二十五里出，一自双尖七里，过丛林寺前两水会与七亩桥南下，过岑山东偏由祠堂后，绕而西注复盘北，而南经岑山西偏折又西纡回北泻，出本屯达王屯会入大河”，回环萦绕形成一村之中水流三曲水的局面，朱熹在岑山之巅题曰，“三面潆溪，得桂溪之胜”。在此山水之间，屋舍栉比，“千家鸡犬桑麻，屯烟殷庶”，有祠、有社、有文苑、有奎楼，别墅、花轩、梵宫、佛刹杂陈罗列在茂林修竹中，“一望如在锦绣”。[②]

位于休宁县城海阳镇南五十里的古林村亦是山水形势俱佳。据崇祯《古林黄氏重修族谱》记载：该村基址的来脉是十八，“从西南奔舞而东，起青龙寨委迤转西，起钟山落下，结撒地梅花，过胡塘脱下平田，起土阜如船形”，“有寨峰、有文笔、有天马罗列为远拱”，“前有岑山秀丽为近朝”，又有村前“腴田数百顷”与“护砂平地数千顷”，地势形成船入港之形势。水势为“明堂田之南有张充、里充二源之水入渠环抱，东流出传桥注于方塘基之外，

① ［清］江登云辑：《橙阳散志》卷一《舆地志 · 疆界》。
② 嘉庆《桂溪项氏族谱》卷二《图说》。

阳有梅源之水入古溪，绕基之北而东下，方塘前后之水汇于方塘而出大溪”，四面有水环绕归于一处，利于生气凝聚。“水口之下，潭水深注，迩来砂壅成洲，杨木荻草参差争荣，为水口之壅塞，太守公祠建于此”，“松篁苍翠荫荫”的水口有文昌阁、听松亭等小品建筑，将村落与自然景观连成一片。村落布局纵横交错，东西方向为翠秀街，“市肆广置，南北之货，四方朋来交易于其间”，是村基的屏障，巷口有“中林里邦”的题额。南北方向共有八条通巷，“邦达巷”是村落的主干道，“显达荣归，迎亲遣嫁之通衢”，巷口有“乔木世家”的题额。合村有公井十一口，私井十口。村南有胡塘、新塘、茅塘里、小臼塘、呈塘、瑶塘等蓄水以灌溉禾苗。村内外阡陌交通，“南通小贺璜源，北通伦堂、月潭，东通龙湾、溪口，西通山斗、黄茅境内”。村居宅舍远近创建，杂处其间，如：友恭堂、存雅堂、中和堂、诚正堂、怀德堂、友于堂、敬义堂、宠锡堂、素履堂、爱日堂、正谊堂、延有堂、复一堂、太和堂、明德堂、明远楼等，其中明远楼“堂之左右寝室燕翼”，造型独特。有书舍等闲适吟咏之处，如从桂馆、天香书院、芥子居、燕居、怡怡亭、看剑斋、云月楼、宜而居别墅、听蕉居、雪亭等，这些建筑或“有池蓄鱼”，或“阶前培植花木”，或“有砌种竹”。外则“伙佃屋星列宅之左右为外围”。在如此天人合一的环境下，古林村堪称是“一时之隆盛”。[①]

图 2-2 歙县桂溪村丛林寺

① 崇祯《古林黄氏重修族谱》卷二《基址图记》。

祁门善和村位于县城祁山镇北部，是祁门县境内规模最大的程氏宗族聚落。据光绪《善和乡志》记载："乡今所居者自唐尚书程仲繁，仲繁以上无考也。后仲繁以御寇至都，因居浮梁之锦里。惟季子令涯奉母胡夫人留居其地，开大其业，及再传居，乃三分：一居曰窦山之麓，曰上村；一居曰梧冈西南下，曰中村；一居宅后山之阳，曰下村。"作为程姓聚居地，善和人居环境优美，远离尘嚣，广袤二十余里，枕山面水。其山成四塞之险，"乡之镇曰窦山，山当居之阴，迢递北来，盘踞峘崇，巍然独尊，其荃隐三台，径而复支五山，渐伏以尽。远睇前后俱若相属俨然乎，端人正士肃容而处"，另有东山、下东山、日山、石山、鼓山、绿袍峰、金鱼山、奄口山、月山、印山、西山等，窦山与东山蜿蜒约十里，"端耸如屏"，下东山"仆抱若伏象之状"，其他诸峰"秀丽不可名状"。其水势也曲折回环，"和溪为众乡水之汇，其源有三，自北来者曰北义，自西来者曰溪头，自南来者曰杨舟山，相汇于佛子岭。迢迢东逝过居前，至石山曲折而南，经兰峰下复东逝十里而注于邑河"，所经处形成珠浦、东涧、南涧、西涧、北涧五水，程氏上村、中村、下村散落山水之间，"望山屏水，练光色面面交映，乡境曲折不出眉睫"。[①]

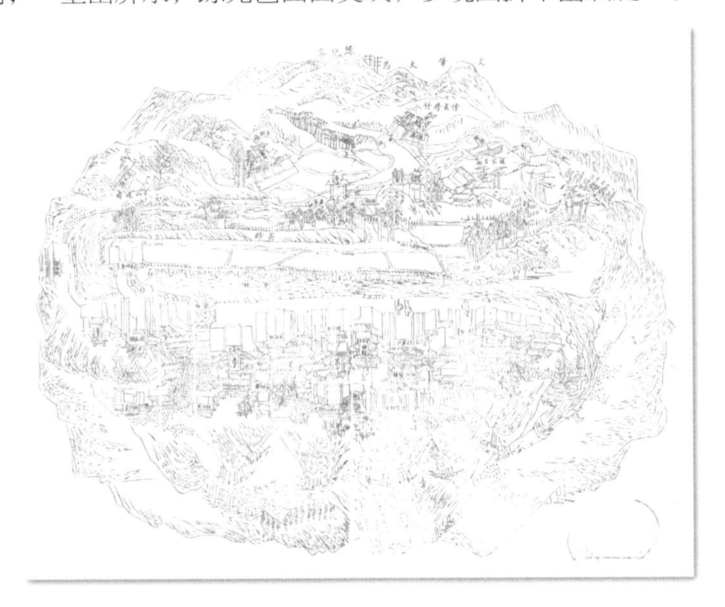

图 2–3 清光绪祁门善和村落景致图

① 光绪《善和乡志》卷一《志境》《志居》《志山》《志水》。

孚潭村是休宁许氏宗族聚居村落。据雍正《孚潭志》记载：该村始建于唐天宝年间，位于万岁山南35里，“中龙发脉”，龙山发脉于齐云山，蜿蜒数十里，琢玉山为“龙山之巅”，其他渔池山、木果山、张公山、石莲山、上岩山、金字面、小林壤、石壁岩山、白虎岭山等大小群山蜿蜒，又有潭、河、泉、洲等曲涧澄潭。由于风水绝佳，尽管僻居一隅，但“上稽有宋，下迄国朝，名贤间出”[①]，其优越的地理环境是一个重要的因素之一。

图 2-4 祁门县善和村入村古桥和牌坊

岩寺镇又称“岩镇”，位于歙县西南部，今黄山市徽州区政府所在地。据雍正《岩镇志草》记载，岩寺虽是“歙西一隅之地”，但“为九达之逵，而巨室大家之都会”，[②]“甲第如鳞，贯区若栉”[③]。正是得天独厚的区位优势和风水环境，造成了岩寺的繁华景象。歙县的沙溪村，也是一处山川风水胜区。据《沙溪集略》记载，梅山系该村的来龙山，“为沙溪村河诸山之宗，翔舞而东，结局于仙姑山，其支南折逐为狮象等山，循此或昂而为首，或穹而为脊，或掉而为尾，号梅山形势秀丽，映带延回”，其他诸山直接用风水术语，狮山在昉溪之西，“山形蹲踞如狮，雄峙可畏”。象山在昉溪西，与狮山相望，“龟山昂首延顾，筋膜尽露，真称奇肖”。[④]

其实，徽州各大宗族始迁祖在建村定居时非常注重村庄的风水选择，精于卜筑、卜居。《新安名族志》对此有不少记载，以歙县汪氏聚居村落为例，歙县汪氏聚居村落多为卜居而成，岩镇槐花树下汪氏始祖汪千三，“大元初间来岩镇，见山水环聚，始卜筑于此，先名‘竹林头’。公喜栽槐，自号‘槐

① 雍正《孚潭志》卷一《山川》。
② 雍正《岩镇志草》卷首《序》。
③ 雍正《岩镇志草》卷首《志草发凡》。
④［清］凌应秋纂：《沙溪集略》卷一《古迹·蕉园》。

轩后人'，因名曰'槐花树下'，得名自兹始，遂成世家焉"；竦口汪氏"先居黟之黄陂……我国初（明初）天禄卜居竦川口，是为竦川口始祖"；堨田汪氏先居唐模，汪景新"始受学于吕玗先生之门，遂卜居堨田淳村"；丰溪汪志道，"宋宣和间因兄敦节为歙蔚来访，见新安山水之胜，遂卜筑于歙东丰溪之上家焉"。[①]歙县潜口胡氏，原本居于池州府贵池县左家桥，至"十二世亘公，精明堪舆，嫌其地隘，商于歙，见山水之盘旋，地脉之钟秀，莫踰于此，于宋绍兴四年卜筑潜口上市，世居之，致家殷盛"[②]。歙县寒山方氏由方元亮于宋天圣九年，"卜居于寒山之阳"[③]。歙县东山李氏，祖训有"逢田则吉"之记录，宋时李尚讲学于郡，"因见东山之秀、湖田之名，遂而居焉"[④]。各姓家乘谱牒对祖先"卜居"情况也多有记录。歙县呈坎罗氏宗族，"至罗一翁者，初讳秋，改讳隐，系江西南昌府人，洞明文学地理。唐末之乱，屣弃家产，遍择里居，至歙西四十里地名龙溪，改名呈坎，山水缭绕，风景中和，遂筑室居焉"[⑤]。黟县裴氏宗族所居"裴山之阳，黟北之胜地也，面享子而朝印山，美景胜致，目不给赏，前有清溪环波其室，后有树葱茏荫其居……惟裴氏相其宜，度其原，卜居于是，以为发祥之基"[⑥]。

（三）"理""气"统一的村落营建理念

"藏风得水"是风水说"理气"说的基本依据。风是流动的空气，是人类赖以生存的根本；水是大地的血脉，是万物生长的基本条件，两者都是行气之物。宋代理学家张载认为，天地万物都是阴阳二气浮沉升降、动静交感而成，"太虚者，气之体。气有阴阳、屈伸、相感之无穷，故神之应也无穷。其散无数，故神之应也无数。虽无穷，其实湛然；虽无数，其实一而已。阴

①［明］戴廷明、程尚宽等撰，何庆善等点校：《新安名族志・前卷・汪》，黄山书社2004年版，第186、193、198、200页。
②［明］戴廷明、程尚宽等撰，何庆善等点校：《新安名族志・前卷・胡》，黄山书社2004年版，第294页。
③［明］戴廷明、程尚宽等撰，何庆善等点校：《新安名族志・前卷・方》，黄山书社2004年版，第108页。
④［明］戴廷明、程尚宽等撰，何庆善等点校：《新安名族志・后卷・方》，黄山书社2004年版，第356页。
⑤《呈坎罗氏族谱序》，转引自贺为才：《徽州村镇水系与营建技艺研究》，中国建筑工业出版社2010年版，第68页。
⑥咸丰《湾里裴氏族谱・鹤山图记》。

图 2-5 歙县呈坎村环秀桥

阳之气，散则万殊，人莫知其一也；合则混然，人不见其殊也。形聚为物，形溃反原。反原者，其游魂为变与！所谓变者，对聚散存亡为文，非如萤雀之化，指前后身而为说也”[①]。就风水而言，风为气阳，水是气阴，“理气”是风水术中村落营建的关键因素之一，选择“理”与“气”，即是堪舆家所谓的“点穴”。通过玄妙的方法探求天地运行规律，理想风水宝地的“气乘风则散，界遇水则止”。山环水绕的理想村落选址形态是山挡住风、水止住气，“藏气”“生气”“迎气”“纳气”“聚气”等术语常见于徽州方志族谱。然而，完美的“气”场并非处处皆可得之，在自然条件受限制时，为弥补环境不合堪舆家所设计的理想模式，注重形势的堪舆家往往采取一些补救措施，或引水补基，或植树补风水，或是设计建造各种台、塔等建筑物，以使居住者鸿运大昌。总之，用人工造景来加以调整，使环境趋于平衡和谐，以满足村民世俗心理的需要，这是徽州聚落选择、规划与营造的基本理念和现实实践。

作为徽州规模最大的乡镇聚落，今徽州区岩寺镇在建置之初，是以凤山为门户的。然而，这一规划和设计并不是完美无缺的。一些堪舆家从风水的视角提出了自己的看法，认为：“凤山虽为门户，不能回抱，恐其山走水直，

① [宋] 张载：《张载集 · 正蒙 · 乾称》，中华书局 1978 年版，第 66 页。

遂成腾漏”，建水口神皋塔“障空补缺”，“以树颓流砥柱”。[1]及至明嘉靖年间，“甲族蝉联，人文鹊起，风会之极隆也”[2]。但堪舆家认为，“凤山外翔，丰水东注，于法有反跳之势”，“其势若建瓴，奔流过驶”，这种风水格局引起的结果是，“行者倍利，而居者率空”，在当时的乡贤耆老中引起较大反响，由乡绅郑佐倡议，岩寺居民齐心协力，针对形家所指出的“洞门水反沙飞”“凤山不向”“科第坊面台为所压”“台榭临大道不雅”“祠塔之场非栖神之境”等五处缺漏，众议“筑坝蓄水”，[3]重修以水口为中心的台、塔、桥梁，借此以巩固和增加岩寺镇基的气脉。

图 2-6 婺源县严田村水口

在徽州众多村落中，歙县溪头村“引水补基”改造风水格局的做法堪称典型。建村之初，溪头村得水之旺，后山坞有两股清泉，聚居于此的叶氏宗族在坞内掘井注泉，并在村中开塘，用暗渠将泉水引入村中，借以庇荫地脉、涵养真气。本来村前有桃溪水，流至村边直往南注。但叶氏宗族觉得水流太急，不利于村族的发展，于是，在村前修筑长堤，使河水改道东向后往南流，并在河道转弯的地方建石桥，形成不见水去的“闭门户”村落风水模式。后

① 雍正《岩镇志草》元集《建置》。
② 雍正《岩镇志草》元集《里祀乡贤纪事》。
③ 雍正《岩镇志草》利集《里语》。

图 2-7 黟县宏村南湖

听从风水师的指点，以村居为“燕形”，“叶”字与“燕”字音相通，燕子需在窝里才能育子，于是，又在村边河岸修筑矮墙，使村落形成“窝”的形状。后来又有堪舆师指出，此前改造原属大善，只是之前河道边的青石板路似长“青”蛇，有入“窝”吃“燕”之势。于是，叶氏宗族又采取补救措施，在“蛇”的要害“七寸”处修一“剑”形天灯，刺死来“蛇”，并将石板路改为石灰土路，表示“死蛇翻白”[①]。如此改造，可谓用心良苦。

黟县宏村对风水格局的修补与改建更具有代表性。据文献记载，宏村在初建时，“两溪不汇西绕南为缺陷”，当时“苦于无所施”，寄希望于沧海桑田遽变，后因暴雨，“河渠填塞，溪自西而会合，水环南潴卫”，[②]形成合围之势。明初专门延请休宁县堪舆大师何可达等人“遍阅山川，详审脉络”，为宏村制定详细的规划，开挖月沼，“引西溪以凿圳绕村屋，其长川沟形九曲，流经十湾，坎水横注丙地，午曜前吐矣”。如此修补风水格局，主要是为了“定主科甲，延绵万亿子孙，千家香火”。在何可达的指导下，宏村人因地制宜，费时十年有余对村落水系进行改造，形成“牛形”格局：以雷冈山为牛头，桥梁为牛腿，月沼为牛胃，蜿蜒各家各户的水沟为牛肠。随着宏村的发展和

① 柯灵权：《徽州村落礼教钩沉》，中国文史出版社 2002 年版，第 160 页。
② 乾隆《弘村汪氏家谱》卷一《月沼纪实》。

人口的增加，“谓新溪绕南之北畔有双石田数十亩，能在凿池蓄中阳水，子孙更逢吉”，为村民的生存与发展，汪氏子孙进一步拓宽宏村布局，将村南的百亩良田开辟成南湖，中和村内内阳之水，扩大了牛胃。正是这些水系治理措施得当，不仅符合风水理论，而且为村落提供灌溉、饮用等实用功能，宏村逐渐发展壮大，“自元而明，渐成村墟，今则烟火千家，栋宇鳞次，森然一大都会”①。

处处遵循“理”“气”理念，尽量做到“理”与“气”的统一，始终是徽州传统村落营建最基本也是最重要的理念之一。

（四）“水口”“龙脉”俱全的村落格局完善理念

山、水是徽州传统村落规划的两大基本要素，“夫山者，宣也，其气刚；川者，流也，其气柔，刚柔相荡而地道立矣”。山是地脉，亦称“龙脉”“来龙”，即村落后的靠山，与村族命运休戚相关。水为关口，水形之中“水口”最为紧要，“夫水口者，一方众水所总出处也”②，是村落的活水入村的起点和出村的终点，俗称“上水口”和“下水口”，关系一村财富运道、吉凶祸福、文运科甲及“脸面”，徽州传统村落非常重视地脉与水口的保护与建设。

1.保护“龙脉”

位于绩溪县西南上庄镇的宅坦村，聚居于此的胡氏宗族在《明经胡氏龙井派宗谱》的《祠规》中明确要求族人要保护村庄龙脉，认为：“阴、阳二基之关盛衰大矣，然吉地本自天成，辅相正需人力。倘龙穴、沙水一处受伤，则体破气散，焉能发福？堪舆家示人堆砌种树之法，皆所以保全生气也。吾族阴、阳二基，宜共遵此法，尤必严禁损害。倘有贪利忮刻之徒，或挖掘泥土，或砍斫薪木，不分己地、人地，罚银壹两入祠，仍令其禁山安宅。首报者赏银贰钱，知情故隐者，罚银叁钱，以护龙脉也。”③胡氏对龙脉的保护采取了以下方式：一是植树保生气，胡氏宗族子弟生男丁，必须担土上山栽植一棵树苗，人树同长，从而达到人丁繁衍与阴木繁盛。二是重罚破坏龙脉者。

① 乾隆《弘村汪氏家谱》卷一《南湖纪实》。

② ［明］缪希雍：《葬经翼·水口篇》，转引自贺为才：《徽州村镇水系与营建技艺研究》，中国建筑工业出版社 2010 年版，第 63 页。

③ 绩溪《明经胡氏龙井派宗谱》卷首《祠规》。

对破坏龙脉者，举报有功，隐瞒不报则受罚。居住于祁门善和村的程氏宗族也非常重视龙脉的保护，“昔洪武、永乐间，吾乡诸公刻酷信其说，故于溪南出值鬻茅田降一带高地，栽莳株木，荫护一乡。又立券约，以图永久”。村中有人不遵从约定，破坏风水，横遭不幸，至明弘治年间，“重立议约，申明前言，俾各家爱护四围山水，培植竹木，以为庇荫”[①]。种植在龙脉之上的林木受到严格保护，在徽州众多的宗族族规家法中，保护森林尤其是村庄水口林，几乎都是必备的内容之一。明隆庆时，祁门县文堂陈氏宗族曾明确规定：村庄的宅墓、来龙、朝山、水口都是宗族和村庄的公共资产，关系到宗族和村庄的兴衰存亡，因此，“本里宅墓、来龙、朝山、水口皆祖宗血脉，山川形胜所关。各家宜戒谕长养林木，以卫形胜，毋得泥为己业，掘损盗砍。犯者，公同众罚理治”[②]。

图 2-8 绩溪县石家村水口亭——魁星阁

为保护龙脉，徽州许多村落将风水山作为族山公产，订立条约，对山林场地严加保护。

歙县许恩裕等租山批

立租批人许恩欲、名振、志高、光恒等，今租到许荫祠、嘉祠

① 光绪《善和乡志》卷二《风水说》。
② 隆庆《文堂陈氏乡约家法》。

名下前山、田干、祖茔各处，于上蓄有松杉杂木荫庇风水，系身等监守兴养小树，并纠察一切爬树、砍树、挖根、削皮、放牧驴牛牲畜作践之人。自禁之后，凡经捉获刀斧、柴薪、牲畜者，赴承恩堂公处，知会四厅鸣众，公议处分。监守自盗，情愿见一罚十。其山递年秋尽，开山取柴一次。当日言定每年先纳租银八钱入祠，然后开山，听支三月禁山、九月封山两次敬神之费，无得异说。今欲有凭，立此租批存照。禁山两次，两祠共额支银二钱整。其前山、田干、水口三处，凡遇枯木砍伐，均分或存众公用可也。

康熙五十三年三月　日　立租批人　许恩裕……[1]

从这份租山契可以看出，村族经营管理公共山场时，重视从各方面全过程保护龙脉林，对承租人要求严格，不仅要"兴养小树"，还要纠察爬树、砍树、挖根、削皮、牲畜践踏等损害树木成长的行为，捉拿到损害龙脉林木的村民送至祠堂——承恩堂公处。无论开山还是禁山，都有明确的时间规定。一旦出现擅自开山、乱砍滥伐树木之人，或者发现监守自盗行为，则以一罚十，毫无商量的余地。

随着社会的发展，村落宗族势力的增加，山场公产只进不出，面积越积越多，徽州一半以上山林逐渐成为宗族的公产。这种情况，势必与依山生活的生存现实不可避免地产生矛盾。这些矛盾可以归纳为两个方面：一是与农耕型山林经济产生矛盾。徽州人口的快速增长，导致垦种、柴薪等需求量增加。尤其是清代中叶以后，徽州周边地区如安庆等地棚民的大量入徽，开垦黄山，破坏植被，种植玉米、茶叶等经济作物，对被视为宗族公产的山林造成很大冲击。二是与煤、矿石等山场开采产生矛盾。徽州地处山区，空气湿度大，建造房屋时需要大量使用石灰。在经济利益的驱动下，清代中叶，徽州出现了肆意盗挖、盗采煤炭的现象，而且愈演愈烈，直接对当地的生态环境和居民生活造成了严重的破坏。对此，在歙县、休宁、婺源、祁门、黟县和绩溪六县知县甚至是徽州知府，颁布了大量严禁盗砍山林、开挖矿产的告示。

下面是一则《清嘉庆三年五月歙县严禁盗开灵金山石的告示》，谨将文字照录：

---

① 安徽省博物馆：《明清徽州社会经济资料丛编》，中国社会科学出版社1988年版，第458页。

图 2-9 今徽州区灵山村水口桥

清嘉庆三年五月歙县严禁盗开灵金山石告示

奉县宪示禁 特授江南徽州府歙县正堂加五级记录十次李（尧文）为恳恩给禁、保祖杜害事。据候选布政司理问方近颐、生员方鸣等抱呈，胡福具禀，前事词称：职等住居二十二都一图灵山地方，合族户丁数百余人，上有灵金山来龙发脉，下有黄膀山水口关拦，中间安葬有祖茔于上，均蓄有松杉阴木，前明迄今，世守无异。前被匪徒于灵金山来龙肆开石宕，业经鸣保，方量成封禁，今闻各该处复有匪徒谋伐阴木，欲勾引支匪魃形盗砍，丁命攸关，不得不为先事之防。为此，仰恳宪恩，赏示严禁，庶奸民知儆存殁均安，甘棠讴思永戴不朽，望光上禀等情。据此，除词批示外，合行出示晓谕为此仰，该处居民及方姓合族人等知悉嗣后，毋许在于该处既方姓名祖坟开凿石宕，以及勾引支丁盗砍阴木，如敢故违即指名赴县，呈禀以凭拿究，该族众及捕保人等如敢扶同狗隐，一经告发，定行并究，各宜禀遵毋违，特示

嘉庆三年五月 日 示　　　　右仰知悉

《清嘉庆三年五月歙县严禁盗开灵金山石的告示》碑刻现存于歙县郑村

乡灵山村，灵山村为方氏居住地，水口林与龙脉林是村族命运所系。自明及清，经过几代人的精心培植，水口、龙脉林木逐渐形成一定规模，林木蔚然成林。但随着棚民的大规模拥入，盗采、偷伐、盗砍现象不断发生，先是灵山村龙脉被不法之徒开采矿石侵蚀，被禁止后不法之徒又勾结支丁盗砍荫木。在村族内部难以处理的情况下，灵山村不得不求助于歙县知县李尧文。在方近颐、方鸣、胡福等乡绅的抱呈具禀下，歙县知县张尧文于嘉庆三年（1798 年）五月颁布告示，严行禁止灵山村的盗采、盗挖、盗砍行为，并勒碑严禁。

歙县江村坐落于飞布山下，飞布山与尖王林、尖牙山、白额厚山相连。"地脉出飞布山，其左支为大牛，居山麓者曰桂林，曰黄村，曰大坑，曰前村，曰方塘，曰圆塘，曰山崑，曰丰堨头，曰考坑，曰胡眉坑；右支为岑山，居山麓者曰前庄，曰岑山村；中支为鸡冠尖，居山麓者曰江村，曰王宅村，曰杨公塘，曰慈姑，曰片上村，曰登第桥，曰章塘庙，曰何村，曰大芝山，曰潭石头，曰前山，曰上宅，曰黄荆渡，曰东山，以江村较诸乡，固为一大村落也，而地脉亦居其胜。自鸡冠尖南一里，歧为两山，左黄土山由，由王宅村直环而南，止于东山，江村藉以为镇，练溪水口；右则村地正脉南里许，曰八仙亭，地势平复起三里，曰火炉尖，左右开列为村北障。负障而居，为幽兰荡，再起为远晴阁。"① 如此山水与平原交融的村落基址，其龙脉地形常被堪舆风水先生啧啧称叹。飞布山既是徽州郡城营基的障护，同时又与歙县东北两乡先贤祠墓、村居风水命运攸关。因该山盛产矿物，为防止山民开采时损伤龙脉，当地士绅将飞布山至厚山等处二十余里契买归公，永久保护起来。尽管如此，清雍正与乾隆年间，飞布山的矿石仍然遭到了附近山民的偷采，而且屡禁不止，延祸乡里。为此，歙县知县唐惟安不得不颁布告示，并勒碑严禁开采。该《告示》内容如下：

飞布山保龙禁碑

江南徽州府歙县唐（惟安）为详禁飞布山盗矿开窑、以保龙脉事。案奉江南徽州府正堂明（晟）转奉分巡安、徽、宁、池、太等处地方兵备道按察使司副使李，署理安徽等处提刑按察使司奉恩将军宗室都江南、江宁、安徽等处承宣布政使司陈，巡抚安徽等处地

① 乾隆《橙阳散志》卷一《舆地志·地脉》。

方提督军务都察院、右副都御使潘，太子太保、总督江南、江西都察院右都御使、协理河务尹，批饬勒碑严禁，取具遵依报查等因，合行遵照，建立禁碑、保龙杜害。照得飞布一山，为郡邑之屏藩，结营镇之基址，钟灵毓秀，实与黄山、紫阳相联络，不特东北两乡数十村落、墓门、宅第倚此山为来龙，即合郡之学宫、神庙以及先贤祠宇、文武官署皆藉此为保障。凡兹官民人等皆宜防护，不可少有侵损者也。只缘山脉多出矿石，可以炼灰取利，由是附近山民招集多凶，凿矿伤龙，殊属不法。查昔年郡邑诸先达深谋远虑，将此山来龙自大尖山以至白额厚山等处，蝉联二十余里，或用价契买，或将产易换，锱铢积众，集腋成裘，以永保护，其为益也甚深，用心亦良苦矣。无如山僻，凶顽竟将公买之山屡肆戕害。雍正年间，有匪徒郑时贵等盗矿开窑，业经前府责处严禁。乾隆九年，其子郑煌、郑求以及江德、江贵、郑旺寿、王满生、程五生、郑万林、江社福、江六寿、程四保等，又伙招矿党、无赖之徒，藐违禁令，复肆凿烧，伤龙绝脉，祸延万姓，此绅衿士民所由以聚凶盗矿惨绝地脉具控也。再查，飞布山后脉原系柴山，不输矿税，岂容恣意盗矿？况此山幽深僻远，结党成群，奸民不一，尤当为之防范。且歙邑出灰村坊八十余处，尽供农用，原不藉此数窑之灰。兹遵各宪檄饬，勒碑严禁。嗣后，近山居民人等各宜禀遵，自大尖山以下白额厚山二十余里，不但公买龙脉要脊在所严禁，即凡与公业毗连有关来龙之处，亦不得开凿。仍仰该地保甲、巡山人等每月稽巡，取具并无烧凿甘结。倘有不法之徒再敢违禁开凿，立即指名呈报，以凭严拿详究，并将受雇矿匠一同拿处。其有在该禁地方买灰者，即将灰价入官。尔等慎毋以身试法，致贻后悔。须至禁者。

乾隆十一年岁次丙寅十二月 日立[①]

但是，这一禁令并未能阻止矿党与无赖之辈的恣意盗采、盗挖行为，相反，在巨大利益的驱使下，盗采、盗挖之风愈演愈烈，“山匪、冥顽贪心不熄，聚众藏匿深山，抗禁挖煤、凿矿，以致石裂山崩，地脉铲断，人户凋

① ［清］江登云辑：《橙阳散志》卷十《艺文志·飞布山保龙禁碑》。

零”。为此，歙县知县又分别于乾隆三十七年（1772 年）与乾隆四十年（1775 年）两次颁布《飞布山保龙禁示》，并勒石竖碑，重申对开采“公业”及毗邻有关龙脉之处矿产行为的严禁之令。

2. 营建水口

水口指是一个村落的水流的入口和出口之处，也是一个村落的门户与标志。传统堪舆学认为水口得当的标志性特征是天门开、地户闭：水来之处谓之“天门”，宜宽大；水去之处称为“地户”，宜收闭，有遮挡。水不仅是生命之源，能够涵养万物，而且也是财富之源，好的水口能给村落的居住者带来滚滚财源。相反，不良的水口则会给主人带来灾难。

图 2-10 歙县昌溪村水口

为使水口能助佑村族兴旺，徽州人非常重视村落水口的营建，想方设法选择有利的地形，设置水口。同时，根据风水学理论，增设桥、亭、塔、塘、阁等建筑小品[①]，使其与水口树林镇锁“关口”，从不同角度保护水口。如黟县朱村水口，位于龙川河边，朱氏族人在河埂与水口周围密植各类树木，形成“猪栅栏”形状，以此期望“朱氏”子孙旺盛。婺源县思溪村民则认为“水口攸关”，特地“栽种杉松竹木，掌养保护”。[②]从现存的水口林木来看，所植树木主要有枫杨、香樟、梓树、栎类、冬青、银杏、楠木、松树、榆树、枞数等，予以不同的期望与含义，如松树延年，谐音为“生”“孙”，寓意子孙绵绵；枫树谐音“丰”“封”，兆封旺气，栎类多籽，视为“福泽子孙”；榆树籽如铜钱，视为“摇钱树”；樟树因纹似“文”，音类“章”，卜兆村族文运昌盛，天然芳香；桂谐音“贵”，蟾宫折桂，是科第显达之兆；杨柳多丝（思）、银杏树姿优美，不同的树木寄托着徽州先人不同的理想与对子孙的期盼。

位于歙县北乡的沙溪村，是凌姓宗族聚居村，其村落水口经过多次营建，不断完善，最终形成了以卓秀亭为中心的水口景观。据该村村志《沙溪集略》记载：“歙邑各族多有水口，栽种竹木花卉者，楼台辉映，幽雅宜人。置身其间，如入仙境。”[③]沙溪村的水口本来就是一处绝佳之区，“新桥之南则有文台。登览其上，挹紫阳之白云，听昉溪之流泉，苍松翠竹，娱目悦心。独其北一面平旷无奇，东有大圣桥，与新桥相对，共跨小溪，溪水澄鲜。当三春时，桃李蒨灿于溪岸，过新桥者俯仰左右，顾而乐之，以为武林之名胜不过是也”。但美中不足的是，“顾其西，无藩篱，无布置，破屋颓垣，若与径萧条者等。使非作亭于新桥之侧，则西北一隅颇有缺陷。过而览者，所不能无憾尔”。依据风水理论，“考山川，按形势，莫若建亭，以补一面之缺”。其实，在沙溪村史上，明万历年间，曾于水口建亭，“分六脊十二柱，俗呼为‘六角亭’，又位置在辅，从形家言辅星亭”，壮观堪称为一方之文笔，

① 建筑小品是指既有功能要求，又具有点缀、装饰和美化作用的、从属于某一建筑空间环境的小体量建筑、游憩观赏设施和指示性标志物等的统称。强调立其意趣，选择合理的位置和布局，符合自然景观和人文风情，求其因借，合其体宜，充分利用建筑小品的灵活性、多样性以丰富村落空间。

②《清乾隆二十七年五月初十日婺源思溪合村山场禁示碑》，原碑现嵌于江西省婺源县思口镇思溪村一古庙前墙上。

③［清］凌应秋纂：《沙溪集略》卷一《古迹·古松亭》。

与文台互为呼应，后来毁于雷火。因“人咸言沙溪水口宜造亭焉”[1]，乾隆年间建亭之议再起。为修建水口亭，沙溪村通过《捐修水口引》，调动族众捐钱修亭的积极性，倡议村民慷慨捐输，并从“素封”的道德高度劝人共襄善举。

捐修水口引[2]

人生如白驹过隙，所恃以不朽者，惟此名耳。若不勘破世情，空为牛马，不久泯没，与草木同腐，良可叹也。本里衢当北道，地踞西流，凡亭、台、桥、榭昔人备极经营，迄今数百载，犹可指而数之曰：某树，某先人所种植也；某丘、某壑，某父老之所部署也。闻者每称美不置口。其时，亦有家号素封，徒为守钱虏者，延至今，子若孙终不能世守其业，而其名亦遂同归湮没。使九泉有知，不深悔当时之鄙吝为失计耶？年来亭宇墙垣颓败日甚，二三贤豪尚其倾囊倒箧，共襄不朽之盛举，甚毋使后人既笑前人，复后人又复笑后人也。

此外，沙溪村还通过施茶的方式募集资金，多寡不限，“咸归请列芳名”，满足人们百世留名的世俗价值需求。

水口亭募施茶小引[3]

自赤帝乘权，泉樵石汗，即居水室卧雪牖者，亦且辞面生而就茗公。况奔驰于道路，烈焰身亲，炎炉体逼，思获饮阳羡之一滴，不啻食天乳之千钟。用是，敬邀同心，共为烧茶之举。乐助不问多寡，自一缗以至数十缗；喜施何分轻重，自一日以至数十日。虽不能令征夫尽解蒸灼之苦，亦且俾行人暂游清凉之天。愿我大众击破悭囊，共开欢喜胜果，力坚同心之愿，念惟各尽功则咸归请列芳名，共成盛举。谨疏。

在众人的积极捐助下，“乾隆丁丑，同志者计费度财，量能受事。至壬午四月乃经始，斩削磨砻，群工丕作”。然而，在卓秀亭即将竣工之际，“一

①［清］凌应秋纂：《沙溪集略》卷六《艺文·卓秀亭记》。
②［清］凌应秋纂：《沙溪集略》卷七《艺文·捐修水口引》。
③［清］凌应秋纂：《沙溪集略》卷七《艺文·水口亭募施茶小引》。

夜忽为烈风所摧”。诸人再次踊跃捐款，“选闰五月念二日再造，半月而亭成。仰望则岳耸峰攒，鸾骞凤翥。平眠则内外十二柱，若先后天之六子，同宫异位，接按部班，上玉峙以干霄，下鳌撑而轴地”。卓秀亭的建造，起到了保护沙溪村风水的作用，“近以襟带二水，远以控引外山”。至于卓秀亭的名字来历，源于其自然与人文环境，“其卓然特立如此，其钟灵毓秀或亦有然自之道欤。夫天都、灵金山而秀者也，忠臣义士、孝子悌弟、贞夫烈妇而秀者也，西流清澈而秀者也。今是亭成，任四面观之，无不清削刻露，景之秀者也，更是名曰‘卓秀’”[①]。

历史上，徽州几乎每一个村落都有自己的水口暨水口建筑。现存较具代表性的徽州水口建筑主要有：徽州区唐模的水口沙堤亭、歙县雄村竹山书院的文昌阁、绩溪石家村的魁星阁等，其中石家村（即棋盘村）魁星阁的设计与建造寓意深刻。此阁由石守信十七世孙石承谟建于清乾隆十六年（1751年），据传石氏子孙明际颇受恩遇，通过对魁星阁的独特设计体现对明的怀念，楼基比阁楼少2.5尺，寓明强清弱，楼顶四面落檐，离地17尺，象征明十七代皇权国运昌盛，楼台四角离地19尺，四方用椽200根，相加之和为276，暗喻明朝国祚之数。而宏村水口两棵古树白果（银杏）与红枫，为“牛”形村落之牛角，被赋予特殊的意义，相传村中喜（红）事都要绕红枫一周才算出嫁进娶，白（丧）事要绕白果树一周方能发丧，可见对水口的重视。

在徽州，经过多年的营建，许多传统村落的水口建筑如魁星楼、文昌阁、风水塔和水口林等，逐步构成了徽州传统村落独具特色的“水口园林”景观。陈开曦曾对休宁县境内14处水口林进行了统计与探讨，现将其列表说明如下：

休宁水口林统计[②]

名称	位置	基本情况
兰田前川三阁台水口林	前川村兰田河岸	占地约9亩，由23株古树组成，主要树种有麻栎、樟树、小叶栎等。据推测，水口林约500年

① [清] 凌应秋纂：《沙溪集略》卷六《艺文·卓秀亭记》。
② 陈开曦：《休宁水口林》，转引自陆林、凌善金、焦华富：《徽州村落》，安徽人民出版社2004年版，第86—89页。

续表

名称	位置	基本情况
五城古林水口林	五城村口	占地20余亩，现保存20余株百龄以上的古树，主要树种有楠树、小叶栎、朴树等，水口林西有古牌坊及黄家祠堂等古建筑
龙田乡浯田村柳杉水口林	浯田村口	水口林现存柳杉5株，最早由南宋时期程氏族人栽植。水口林800多年历史
白际项山水口严池水口林	严池自然村村口	水口林呈带状分布，占地5亩多，由27株百龄以上古树组成，主要树种有红豆杉、黄檀、紫树等
龙田桃林村水口林	桃林村口龙田河岸	水口有40余株古槠树，其他树种有青冈、千年枫等，据传自明朝中期形成
白际江湾水口林	白际乡江湾村口	水口林占地6亩，有20余株百年古树，树种主要有红豆杉、枫香、栎类、柳杉等
山斗汉公坑村水口林	汉公坑自然村入口	水口林占地约百亩，主要树种有青冈、红楠、青栲、肉桂等
流口村大白果树底水口林	流口村口	水口林占地3亩余，以银杏树为主，现存古银杏树6株，间有枫香、栎类、古槠等
岭南三溪水口林	三溪村口	水口林分布在山谷隘口，占地十余亩，主要有青冈栎等树种，现存水口桥、桥亭和塔基
西田乡阳台村水口林	阳台村左侧	阳台村在半山腰，水口林自上而下环绕村口而生，由数十株数百年古红豆杉和四株古望春花组成
龙湾、双龙水口林	龙湾、双龙村口	龙湾、双龙一河之隔，双龙村水口林现存8亩左右古松树林，龙湾水口林主要由香樟、枫杨、栎类等树种
里庄村水口林	里庄村口	水口林占地约7亩，数种有枫香、榧树、红豆杉等
冯村茶园山水口林	茶园山自然村	水口林保存完好，占地近10亩，有百年以上树木159株。主要树种有银杏、香榧、青冈、枫杨等
岩前白茅河岸水口林	白茅自然村河岸	水口林有9株一字排开的古枫杨，为首者相传明朝就有此树，树龄在500年以上

二、徽州传统村落水口营造实践
——以《岩镇志草》为中心

（一）岩寺镇的地理与历史沿革

《岩镇志草》为清代岩寺镇的镇志，由佘华瑞[①]纂修于雍正末年，共四集，以《易经》八卦中乾卦卦辞“元、亨、贞、利”为序命名，按原始、形势、山水、建置、古迹、桥梁、祠宇、庵观、园亭、人物、科名、艺文等内容排列，其内容涉及唐、宋、元、明、清时代岩寺镇的历史和人文等诸多方面。

岩寺镇（今属安徽省黄山市徽州区）在歙西25里处，历史上一直属歙县管辖，今为黄山市徽州区政府所在地。古岩寺“为径山蕴公道场”，唐大历元年（766年），名僧山蕴禅师奉代宗诏令，集四方参学者结厦于此，始创三摩圣地。其时，“民居列平冈之上，仅百余户”。因山蕴禅师僧徒五百余人停驻，建有东西序寺庙无数，殿堂鳞次错落其地，“极其宏盛”。相传丰乐河山坡上有先贤开凿的十余处岩洞，“以镇为护持，故名因之”[②]。宋绍兴二年（1132年），诏令更名为“岩镇”，隶属歙县永昌乡。明洪武二十四年（1391年），改永昌乡为“永丰乡”，隶属清泰里管辖，此时岩镇已粗具规模。延至明代嘉靖、隆庆之际，岩寺巨室、商贾云集，百业俱兴，“岩镇自嘉、隆以来，巨室要集，百堵皆兴。比屋鳞次，无尺土之隙，谚所谓‘寸金地’”[③]，成为“鳞次万家，规方十里”[④]的繁华重镇。

作为“居六邑之都会，为九达之通逵”的一方重镇，岩寺镇居于休歙盆

① 佘华瑞：字朏生，号西麓，又号程斋。歙县岩寺（今属黄山市徽州区）人，工诗、古文、词，清康熙间诸生，选授桐城训导，著有《岩寺志草》《绿萝山人集》。

② 雍正《岩镇志草》元集《原始》。

③ 雍正《岩镇志草》卷首《志草发凡》。

④ 雍正《岩镇志草》元集《原始》。

地的中心位置，处在“融结聚星”的群山环抱之中，皋岭、南山、荫山、狮山、潜虬山、文几山、方湖石、古岩、马下岭、东山、兰冈山、震艮山、株山等山“周环百里而遥，沃壤绣错，如罣如砥”。岩寺镇能够发展成为徽州重镇，与其所处“地脉所钟，天然拱秀”[①]的地理环境有一定关系。“天马列于西南，骧首腾空，有嘶青云振绿发之势；黄罗矗于丁方，颖锐秀拔，挺出云表。阛阓之宇，发祥之堂斧多。负癸面丁，名为‘文笔’。天都、莲华、清鸾诸峰，岚拥云联，如屏如扆”，这些构成了风水中理想的龙脉与朝山。同时，又有曲水环绕，丰水发源黄山，颍水来自金竹，“沟涧西流，迴环束带”。整个镇落的风水格局符合理想的村落选址模式，“登狮山而望，千门万户，祥光烛天。及反顾于凤山，但见仓翠千层，包罗万象。如良玉在璞，含辉而不露也”[②]。对此，康熙《环山方氏族谱》指出：“距歙西一舍许，曰岩镇，山清水秀，双龙会聚。问政雄起其东，金山峙其西。前有紫极、黄罗、天马诸山献丽而呈奇，后有黄山六六之峰、练水九九之潭缠送而环绕，堪舆测之，谓池（州）、宁（国）山水当以徽州为盛，徽之山水当以吾歙为盛，歙之山水又以吾岩镇为盛。”[③]

（二）岩寺镇水口的倡修

明代中叶以降，岩寺镇已经发展成为人烟辐辏的商业和文化中心，呈现出一派繁华的景象，“村庐散处，千室一聚，足称雄落”，“栋宇森罗。绵亘十里，冠盖相望，郁若都市……景物充蔚，盖村墟之美，宇内不多见”，“人文之盛，甲于乡邦”。[④]这些既是徽州社会经济整体发展的结果，也与岩寺镇得天独厚的自然条件密切相关。嘉靖年间，参政郑佐致仕家居，对岩镇风水格局尤其是水口营建产生很大影响。郑佐，字时夫，号双溪，又号吕滨，岩镇人，正德甲戌（1514年）进士，官至贵州右参政。嘉靖丙申（1536年），因生母梁氏年暮，郑佐不忍远离，上书请解职归养。家居期间，关心岩寺镇的建设，“殚心乡闾之事，凡有裨于里门者，靡不筹划详密”。除每月定期

---

① 雍正《岩镇志草》卷首《志草发凡》。
② 雍正《岩镇志草》元集《形胜》。
③ 康熙《环山方氏族谱》卷六《记·六逸祠记》。
④ 雍正《岩镇志草》卷首《志草发凡》。

讲论于南山之阳，他还特别关注岩寺镇的地脉风水。闻听堪舆家说，岩寺镇“凤山外翔，丰水东注，于法有反跳之势，则宣泄之易而关键之难”[①]，“地脉寝昌，卜犹未艾。顾惟东北，风气所扃。凤阜虽骞，而峦封未萃；蜺川虽映，而襟带尚疑”[②]。以此断定，岩寺镇的繁华只是“嘉祥偶集”，而非长久“孔固之基”。[③]为图谋远虑，保持岩寺镇的永续发展，郑佐遂倡率方弘静等乡贤，致力于岩寺镇的水口建设，“经营图度，倡诸有力者，大兴筑削”[④]，筑台建塔修桥以障空补缺，以人力补天工。为此，郑佐专门撰写疏文，倡议士绅里人合力修建水口。

图 2-11 徽州区岩寺水口塔——文峰塔

① 雍正《岩镇志草》元集《里祀乡贤纪事·双溪郑先生佐》。
② 雍正《岩镇志草》利集《岩镇水口神皋碑记》。
③ 雍正《岩镇志草》元集《里祀乡贤纪事·双溪郑先生佐》。
④ 雍正《岩镇志草》元集《里祀乡贤纪事·双溪郑先生佐》。

题造水口台塔疏语

岩寺镇上人家，原是十分胜地。科第坊边水口，独少一座高山。从来泄处宜收，谁道化工莫补？不难着力，要在齐心。凤台九仞载云横，成工赖众；雁塔七层标日上，好事由人。西配上荫山，东峙中流柱。两街人杰，应俱愿下手益高；一镇地灵，须凭仗前人作计。财需有限，福力无边。

方弘静也积极响应郑佐的倡议，踊跃参加岩寺镇的水口建筑和改造，并撰写《里语》，进行动员。

里语

吾郡山川环抱，甲于宇内。顾以三百六十滩，有天上之谣。势若建瓴，奔流过驶，故行者倍利，而居者屡空，于是筑坝蓄水之议起焉。盖尝有卜筑者，类若有验。形家之说，此其可几者也。吾镇水口之坝，议者数十年矣。第计费甚巨，惮于谋始，远识之士，扬袂而谈，此其时乎？夫北山之叟，犹能移太行而一篑，吾往有其倡之，虑其寡和，吾不信也！同闬而通志者，列于左方。

今人千金买风水，未必得吉地；千金施梵宇，未必有福德。然且不惜者，知财之去来者必然，而说之渺茫者，或然也。此坝一成，不俟智者知其有益，以千室通力，擎举非难，以千金计赀，百一奚损？无几之倘来可损，无涯之永利可必。孰轻孰重，吾意贤达者宜早辨之矣。

吾里水口，堪舆家议者有五：洞门水反沙飞，一也；凤山不向而伤其翼之半，二也；科第坊面台为所压，三也；台榭临大道，上侈而不雅，四也；祠塔具观，启闭不设，车马之场，非栖神之境，五也。今稍因而易之，坊移数丈耳，而峰秀溪环，凤翼复就，宛若迴顾。竹树飞甍，参差掩映可画，嚣喧顿隔，神得所依，乃受其福，盖费不什一而功举矣。诸捐缗助役者，列于左方。[①]

与郑佐不同的是，方弘静从四个方面对兴筑岩寺水口建筑设施进行了动员和劝输。第一，以“愚公移山”的精神激励里人应支持和配合先贤倡议，

① 雍正《岩镇志草》利集《里语》。

踊跃捐输；第二，以“风水之说”正反两个方面的实践，强调助修水坝是有利的明智之举；第三，以事实说明岩寺水口存在的问题，并在原有基础上稍作修建，费用不多但功德无量；第四，对于捐资助役的人，刻碑铭记芳名，以垂不朽于后世。[①]

郑佐和方弘静等乡贤的倡议得到了众人的积极响应。整修水口之举，在岩寺镇民众中达成了广泛的共识，“藉人工而回地利，因群情之所乐，诱掖奖劝，人皆鼓舞先登”[②]。

（三）岩寺镇水口的营建

鉴于堪舆家对岩寺镇水口的评判，在郑佐的倡议下，岩寺镇民众有钱出钱，有力出力，“不科而资聚，不强而力勤”[③]。以佘翁桥、凤山台与神皋塔的修建为标志，岩寺镇广大民众以极大的热情投入到水口建筑设施的整修活动之中。

水口的佘翁桥由梅庄佘文义捐资修建。佘文义，字邦直，少贫困，出外行贾，诚信不欺，辛勤经营，至中年而累积数千金。居村在乡里以长厚著称，晚年以种梅自娱，因号“梅庄”。嘉靖丙申（1536 年）首倡修水口时，郑佐认为丰溪上无桥，水往东流，无障关锁，乃“谋架长虹，以为砥柱”。因佘文义为长者，郑佐等遂举推其首开先河，“先生欣然以为己任”[④]，独资捐资四千金修石桥，以固水口。佘文义经过认真规划，“度地营基，伐石累基”[⑤]，自嘉靖十四年至嘉靖十七年（1535—1538 年）历时三年，建成七孔廊桥，吕枬题之曰“佘翁桥”。佘翁桥长四十丈，高三丈许，中有七个孔洞（水门），每洞距桥墩四十尺。桥心起造七间二层楼阁小榭，上层是供奉神祇的楼，下层为廊亭，四周是靠手游廊，上可以登高远眺，下可以游玩休憩，桥两端双植华表。相传建桥过程中，因经费问题，佘文义曾请远在中州经营的长子佘训筹款接济。不料佘训所筹钱财在中途为强盗打劫，后盗魁知所劫资金为佘义士修桥造桥之款，不仅将钱款悉数归还，还命人保护渡河。可见，当时修

① 雍正《岩镇志草》利集《里语》。
② 雍正《岩镇志草》元集《里祀乡贤纪事·双溪郑先生佐》。
③ 雍正《岩镇志草》元集《里祀乡贤纪事·双溪郑先生佐》。
④ 雍正《岩镇志草》元集《里祀乡贤纪事·梅庄佘先生文义》。
⑤ 雍正《岩镇志草》利集《佘翁桥记》。

桥等有益乡里的善事已深入人心。该桥建成后，一跃而“为溪流之关键，束合镇之门户”[①]。戊戌年（1538年）春闱，岩镇汪伊、鲍道明、胡川楫同科中进士，一时传为佳话，岩寺镇民众对水口风水庇佑之说更加深信不疑。

与水口桥独资修建不同，岩寺的水口神皋塔则是众人集资修建而成。神皋塔共计七层，各层分别由不同人捐资建造。这些捐资人分别是：第一层胡泰荣同族人，第二层桂聪，第三层方富桢，第四层鲍道相和鲍道达，第五层汪通宝，第六层里人公建，其七级合尖捐建人为吴宽。塔自基址及顶巅高25仞，又称“神皋塔”或“文峰塔”，工程始于嘉靖二十三年（1544年）五月十三日，前后逾时十二年方才竣工。在岩寺神皋塔建设中，贡献最大的首推吴宽。

吴宽，字汝栗，号慎斋，性情淳朴，勇于为善。岩寺镇修建水口塔时，下面六层皆由巨室分任修建，但第七层并塔尖，无人敢任。郑佐等士绅商量认为，非吴慎斋不能胜任，“相率以请”，吴宽不愿独居善名，推脱再三后“幡然任之”。当时吴宽子丧孙幼，时“或沮以善事不可独为，恐犯造物所忌”，但既然接受了任务，吴宽遂不顾忌讳，为不负所托，将塔修好，派人四处观摩各地塔的式样，并“觅良材，求大匠，殚精竭力”。[②]首先，观摩塔式。听闻绍兴大禅寺塔顶工式精好，吴宽乃驾扁舟，亲自前往考察，并赴长干报恩寺和泗州僧迦寺进行实地调研，将两寺绘制成图，以供参考。其次，觅购良材。“买铜铁于西蜀，收薪炭于淳安，采杉木于黟山，取麻竹于宛郡”，近到杭州，远至四川，物资与材料，遣专人分赴外地采购，非常讲究选料。材料齐全后，分门别类整理，“规土成模，范金成器，格式、名号、轻重不齐”。仅铁器一项，耗费铁56000余斤。塔心木是塔顶合尖的重要材料，吴宽遍访歙县全境，一直没找到有合适的材料。最后辗转休宁、黟县等地，访得渔亭大圣山有一株大杉木，挺然卓立，高达13丈，当地人称“西峰塔”。为求得此木，吴宽前往承天府大工处求购，得到同意后以兼金（银）50两为代价购买，渔亭人被他为公精神感动，仅收了十分之四作为伐工工钱。因此木过长，伐倒后须利用河道春汛才能流放，等了三年春水大发才运到岩寺，

---

① 雍正《岩镇志草》元集《桥梁·佘翁桥》。
② 雍正《岩镇志草》元集《里祀乡贤纪事·慎斋吴先生宽》。

图 2-12 绩溪县伏岭村的水口桥及残存的观音庙

可见其工程之浩大。其三，寻求能工巧匠。在寻访考察塔式过程中，吴宽延请能工巧匠回岩镇。在树塔心木时，难度很大，吴宽闻听金陵塔工陈泰、陈功及其弟三人有祖授《支架上顶图》，遂亲自前往南京迎接塔工。在良材巧公的基础上，岩镇塔得以次第完工。在七层八面的神皋塔中，第一层曰覆盆，重达四百余钧；次曰鼓墩，重三百四十余钧；鼓墩之上为仰盆，重五百余钧。由是环绕而上，依次分别称为蒸笼套、相轮、天水缸，塔顶为荷叶盖，“治铁为凤咮者八，各衔缨络直下，以悬檐之八角，其缨络以铁绳八条”。在合顶当日，塔工巧妙地运用机关，用数百根杉木在塔周围立成井形，“上立天车，横施天秤，以巨木为横，络石廿四杠为权，诸器逐次举秤而上”，位置安稳妥帖，号称“神工”，轰动一时，当日围观的里人有数万之众。据载当日初上一层覆盆时，权石忽然脱落了一个，自上而下滚落，击断数十根架木，而围观者无一受伤。侥幸之余，都认为是吴宽的精诚感天动地，神灵自然保佑，应验风水之说。[①]

① 参见雍正《岩镇志草》利集《吴慎斋义士造塔顶纪略》。

为钤制水口，郑佐还积极倡建岩寺水口的装饰性建筑——凤山台。凤山台在文峰神皋塔南侧的南山，南山嘉树葱郁，灵秀所钟，远离尘嚣，“形员（圆）中规，顶平如砥”[1]，先人将此处卜为文坛。凤山台建于其山脊，全部用石条砌成，台上有楼阁三间，中间为楼，是道家供奉场所，迎奉的是原在齐云山玉霄峰下玉虚神君铜像，郑佐题额“中天积翠”四字。左右为亭阁，供游客休憩。台下为三门，取虚能载实之意，中门大开，题为“凤山灵境”，作为前后通道，因形家言有不利于某所，左右门封实，以汉寿亭侯关羽像镇其中。此台建成后，以其为砚，以神皋峰为笔，以丰溪为墨，以长坦山为纸，岩寺镇的水口文风科运象征意义得以完美展现。

经过十多年的精心营建，岩镇水口所有建筑设施及景观方才竣工。建成后的岩寺镇水口建筑及园林设施，“台塔峥嵘，虹梁长亘，文峰屹峙，涣渚渊渟，风土茂密，福祉奠康”[2]。为此，郑佐还专门作了《水口塔上魁星告文》[3]，以纪念岩寺水口塔。

水口塔上魁星告文

世多有塔，事佛崇虚。我因其制，不本其初。奉此文星，题名是於。惟镇水口，稍不完密。众欲障之，非由强率。劳实因心，成非不日。有台如砚，有峰如笔。七级巍巍，文星之室。惟神是居，光芒丽天。旋枢斡斗，人文是宣。五星聚之，三台是联。昔闻雁塔，今见鸿渐。有万斯名，托兹石检。其镌惟贤，祈无神忝。神其主之，我事非谄。

经过此次大规模的整治与兴建，岩寺镇的自然和人文景观为之一振，由“七磴星列、双庙晓钟、双溪水色、两市书声、龙池秋月、马岭朝云、紫极丹光、黄罗雪霁”组成的岩寺八景，增加并转变为“双溪水色、两市书声、风台积翠、雁塔撑霄、龙池雷雨、乌石烟霞、三榭清风、六桥明月、七磴星列、五岭虹连、紫极云开、黄罗雪霁”十二景。

---

[1] 雍正《岩镇志草》元集《山水・南山》。
[2] 雍正《岩镇志草》利集《岩镇水口神皋碑记》。
[3] 雍正《岩镇志草》贞集《水口塔上魁星告文》。

第三章

徽州传统村落建筑中民居与村落的关系

作为人类聚落的一种形式，村落是一个重要的有机整体，如果说村落是躯干的话，那么，村落中的各类建筑就是构成村落的“筋、骨、肉”。作为地理学意义上的徽州村落建筑，其起源可以追溯到新石器时代。实际上，在秦汉时期，居住于徽州这块土地上的山越人，为了适应山区生活的需要，其聚落建筑形式采取的主要是既通风又避潮的“干栏式”建筑。较早的记载可以追溯到南北朝时期，即南朝梁大同元年（535 年）歙县永丰乡的向杲院和黟县会昌乡嘉祥里的永宁寺。[①] 此后，随着中原士族的大规模徙入，中原文明与古越文化的融合体现在建筑形式上，则是“楼上厅”建筑形式。所谓“楼上厅”，即其屋舍楼下低矮，楼上厅室宽敞，一般建成三间，左右为室，中间做厅，是人们日常活动休憩之处。这种建筑形式既保留了越人“干栏式”遗风的建筑格局，也与山区潮湿的气候环境有关。

随着经济的发展与人口的增加，人稠地狭局面渐趋形成，构建楼房扩大住宅空间成为必然，明代中期以后，升高底层逐渐成为一种趋势。[②] 又因地形

---

① 参见淳熙《新安志》卷三《歙县沿革·僧寺》《黟县沿革·僧寺》。

② 参见邵国榔:《明清徽州古民居的演变》，黄山市徽州文化研究院编:《徽州文化研究》(第二辑)，安徽人民出版社 2004 年版，第 190—195 页。文中指出，“我们习惯上把徽州古民居按时代分为‘清代的’‘明代的’，似乎是因朝代不同才有风格上的不同。这乃是一种笼统的、简单化的划分。实际情况是：典型的明代古民居的重要特征之一，是‘楼下比较矮’，到了明末，就不是这样了，即楼下已升高了，升高到清代的乃至民国间常见的高度了，而‘完美的’清代民居，也只是清末才出现，民国初年才达到‘尽善尽美’的地步。显然朝代的更替并不是影响建筑风格变化的主因”，作者从歙县璜蔚乡天堂村出土《元墓石浮雕》上雕刻的房屋来研究明以前的建筑底层低矮，并以苏雪痕宅、方光田宅、胡金彩宅、毕德修宅、何振保宅、方新淦宅、方友珍宅等七栋明代前期建筑的底层高度较矮为例，论证明代中期以前干栏式遗风依然比较明显，而徽州人从楼上走到楼下的主要原因是社会经济文化发达的结果，“将楼下升高，应是历史的必然”，现存遗构最早升高底层是位于歙县西溪南的老屋阁。“升高后的底层扩大了住宅舒适的空间，它不仅可供堆物，亦可住人，这对缺少建房用地的徽州人乃是一点即通的事。于是进入明代中期以后，升高底层就成了一种大势所趋”。该文通过对方文泰宅、金汉龙宅、天心堂、罗小明宅、罗来演宅、程正兴宅、燕翼堂宅、汪翥宅等八幢民居底层高度与上下厅的装修分析，指出明万历前后，徽州民居底层厅堂高度多数能满足居民的生活需求，大体完成了对干栏式风格布局的摒弃，以宽敞的底层作为家庭生活的重要场所，原因除了宅基地缺乏与舒适度要求外，更是发迹后的徽商“要满

多依山就势，为适应险恶的山区环境并解决通风光照问题，宽敞有序的中原“四合院”形式衍变成封闭的“天井”，木结构为主的房屋易受火灾之患，直接促成了明代中叶“封火墙”发明和推广。在“贾而好儒”的徽商崛起之后，徽州民居的设计、布局、结构、内部装饰和厅堂布置等逐渐形成风格独特的建筑体系——徽派建筑。这种以儒家价值观为主体、强化伦理道德教化的建筑样式和体系，不仅具有广泛的实用性，而且蕴含着丰富的文化内涵。因此，作为文化学意义上的徽派建筑，不仅在于是在徽州区域内形成与发展的一种建筑形式，更重要的是它蕴含的“以强化儒家伦理道德秩序为主要精神特征”[①]的文化内涵。

徽州传统村落的构成要素有两大部分：一是包括水口、祠堂、庙宇、社屋、街巷和桥梁等在内的公共建筑，一是民居等私人建筑。在聚族而居的徽州乡村社会中，祠堂和民居始终是村落建筑的核心。正是以上这些众多的公共建筑和井然有序的民居建筑群的积聚，才最终构成了徽州聚落特别是村落的整体。

足精神上的一些深层次的需求”——祭拜天地、顶天立地、脚踏实地、庭训等人伦礼制都是在地面进行的，“地面厅”既是对土地的占用，也满足“礼”的要求，体现着“天人合一”的理念，“这变化是儒商文化对农耕文化在建筑上的一项重大改造”，“是出于功能上的需求，是商人、文士对社会需求的一种适应性行为”，徽派建筑风格的变化另一个重要表现是“清代后期装饰艺术的细化”，作者通过对清初瞻淇村京兆第、宁远堂，斗山街许氏大宅惠迪堂、吴氏故居与棠樾村毕顺生宅的考察，指出清初的“文字狱”及满族政权与朝廷的励精图治让徽州人产生一种苟且将就的心理，缺乏明代的进取精神，建筑表现上漠视对住宅内部装饰。直到乾隆中后期才形成一种雅致、精细的作风。至太平天国后，徽商在重建家园时，将传统的砖、木雕推上极致，在“满足住宅的安全系数、功能需求的条件下，尽量满足个人在家庭生活中的舒适感与追求享受的欲望”。对徽商来说，民居建筑风格的变化源于“环境的、传统的、思想意识的、技术条件的和个人需求的种种方面”。关于徽州民居建筑底部变高的问题，陈安生认为是由于唐初江南西道观察使韦丹在徽州推广砖木结构的瓦房的结果，“随着砖墙防护的安全性和排水系统的畅通，以及室内木板装修的防潮作用明显，徽州民居的建筑才逐渐演变为楼下高大宽敞、楼上简易的形式”。陈安生：《论徽派建筑形成的几个条件》，黄山市徽州文化研究院编：《徽州文化研究》（第一辑），安徽人民出版社 2003 年版，第 205 页。

①朱永春:《徽州建筑》，安徽人民出版社 2005 年版，第 2 页。朱永春以儒家价值观对徽州建筑的影响，认为徽派建筑草创于宋元，明代为发展兴盛期，清代发展至鼎盛，清末徽派建筑一方面遵循自身的发展衍生逻辑，同时“纳新”，有西化倾向。基本上建筑类的论文对徽州建筑演变轨迹与划分都是按照这一标准划分的。

一、徽州传统村落中民居的选址与特征

同村落经过精心选址规划一样，徽州传统民居的选址与规划也始终贯穿着堪舆风水的理念。

事实上，早在宋代，徽州人就产生了极为浓厚的民居建筑堪舆风水选择观念。这就是所谓的“泥葬陇卜窆，至择吉岁。市井列屋，犹稍哆其门，以傃吉向”[①]。在徽州人看来，民居建筑周围环境的好坏、风水的优劣，不仅决定了房屋主人的健康和前途好坏，而且直接影响子孙后代及家族的兴旺与发达。明清至民国时期，徽州无论是建房还是择墓，首先都必须邀请风水“地师”进行认真的勘测与选择，“堪舆之家，泥于年月，或谓某房利、某房不利”[②]。有利则建，不利则迁、则避，这是徽州人民居营造观念的一个基本原则与准绳。

与村落依山傍水的选择一样，徽州传统民居建筑的选址也体现出山水和周匝环境的具体分布与走向选择上。《黄帝宅经》指出：“宅者，乃是阴阳之枢纽，人伦之轨模。”[③] 有山有水，宅前有活水，屋后有龙山，是一幢民居选址的理想环境。这也是传统堪舆风水理论中的四兽观念的集中体现，“凡宅左有流水，谓之青龙；右有长道，谓之白虎；前有污池，谓之朱雀；后有丘陵，谓之元（同“玄”字）武，为最贵地”[④]。《阳宅十书》还专门对民居的环境进行总结和论述，认为：“凡宅不居当冲口处，不居寺庙，不近祠社、窑冶、官衙，不居草木不生处，不居故军营战地，不居正当水流处，不居大城门口处，不居对狱门处，不居百川口处。”[⑤] 对于房屋基址左右之“青

① 淳熙《新安志》卷一《州郡沿革·风俗》。
② ［明］古之贤：《新安蠹状》卷下《牌票·行六县劝士民葬亲》。
③ 佚名：《黄帝宅经》卷首《序》。
④ ［明］王君荣：《阳宅十书》卷一《论宅外形第一》。
⑤ ［明］王君荣：《阳宅十书》卷一《论宅外形第一》

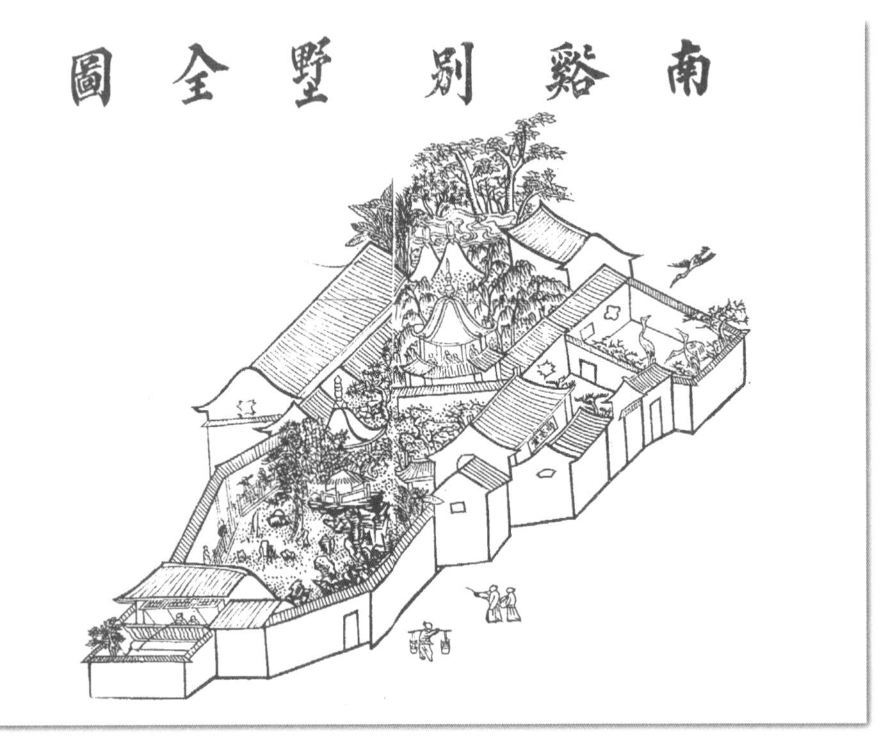

3-1 民国时期黟县屏山村的南溪别墅

龙沙”“白虎沙”（小山包），要求左高右低，民间谚云，“只可青龙万丈高，不可白虎高一尺”[①]，后来，左邻右舍房屋高低也以此等同看待。

然而，由于受到徽州山区具体自然环境的制约，一幢单体民居建筑往往不可能满足青龙、白虎、朱雀和玄武四兽俱全要求。因此，在选址最基本的要素具备以后，其他一些不理想因素则可以通过避让、改造和符镇等方式予以禳除。如门的朝向若正好冲煞，则可以通过转移门的方位、形状，或在门楣上方悬挂刀叉、银镜等方式来予以避让、妥协或对抗。在徽州不少村落中，民居的墙角边或墙壁中，镌有“泰山石敢当”的青石随处可见。这实际上就是在村落整体环境无法改变的情况下，在民居风水冲煞后徽州人所采取的一种厌镇方式，并以此作为应对和改造不良风水的常用手段。明清至民国时代的徽州，在聚族而居的传统村落中，许多巨家大族对宗族祠堂和民居的风水都采取了订立村规民约或族规家法的方式予以保护。聚居于祁门善和村的程

① 柯灵权：《古徽州村族礼教钩沉》，中国文艺出版社 2002 年版，第 189 页。

氏宗族就从正反两个方面极言风水的灵验，于是在《善和乡志》中反复告诫村民，“重立议约，申明前言，俾各家爱护四周山水，培植竹木以为庇荫。……凡居是乡者，当自思省务前人之规，悟已往之失，载瞻载顾，勿剪勿伐，保全风水，以为千百世之悠久之业，不可违约”。对故意破坏风水，“违约者，并力讼于官而重罚之”。[①]

图 3-2 徽州传统村落墙壁中的“泰山石敢当”镇石

以清末光绪年间黟县宏村民居春晖堂建设为例，汪氏族人在准备建造春晖堂时，首先派人至歙县，向著名堪舆风水先生谢氏问卜，内容包括春晖堂基址和起造、竖础石、架梁良辰吉日等。在得到了歙县谢氏风水师的书面指点后，汪氏族人携带书面文字回到宏村，原原本本地按照谢氏风水师给予的指点进行施工。[②]

明清至民国时代徽州民居的结构和原材料主要是砖木结构的两层楼房，其中既有富商巨贾或高官名流建筑居住、精雕细琢的深宅大院，也有寒门小户的板壁房和土墙茅屋。

徽州两层楼民居的建筑结构与风格，主要是基于徽州山多田少的地理条件并进行简单改造而成。对此，谢肇淛在《五杂俎》一书中说：“吴之新安，闽之福唐，地狭而人众。……余在新安见人家多楼上架楼，未尝有无楼之屋也。计一室之居，可抵二三室，而犹无尺寸隙地。”[③] 正是由于山多田少、

① 光绪《善和乡志》卷二《风水说》。

② 参见清光绪黟县宏村春晖堂建造文书，原件藏安徽大学徽学研究中心伯山书屋。

③［明］谢肇淛：《五杂俎》卷四《地部二》，上海书店出版社 2001 年版，第 78 页。

人多地少的自然条件所限，才使得徽州的民居建筑很少沿地面拓展，而是向空中拓展，整体呈现出立体式的楼房结构。

我们注意到，出于防火的需要，明代弘治以后，在徽州知府何歆的倡导下，徽州楼房墙壁四周专门砌以高过屋顶的砖墙，所谓“砌墙以御火患”①，俗称“封火墙”，墙角略有翘起，呈马头状，故又被称为“马头墙”。房屋内外墙壁均粉之以白色石灰，形成所谓的白色粉壁，屋顶覆以黑色小瓦。远远眺望，高低错落有致，黑白相间，与青山绿水融为一体。清代康熙年间，旅居扬州的歙县岑山渡人程庭在回乡省墓时写下的日记——《春帆纪程》一书中，对徽州村落的特征进行了描绘与抒情，云：“粉墙矗矗，鸳瓦鳞鳞，棹楔峥嵘，鸱吻耸拔，宛若城郭。”②的确，粉壁黛瓦马头墙，已经成为明清至民国徽州民居的标志性特征。

图 3–3 徽州传统村落民居中的马头墙

明清至民国时期，徽州民居大体有明三间、四合屋、三间穿堂式等结构

①《明正德元年八月徽州知府何公德政碑》，原碑现存于安徽省歙县新安碑园。
②［清］程庭：《春帆纪程》，载《小方壶斋舆地丛钞》，杭州古籍书店 1985 年版。

类型。明三间主要是三间朝天井露明，一厅二房，二至三层楼阁，楼梯设在厅堂照壁，即太师壁背后。因这种房屋结构的开间与深进尺度基本相同或相近，平面呈方形，外表以高墙封闭，形似一颗金印。这是徽州古民居最基本、最常见的一种类型。其他两种类型，也都各具特色。从居住习惯而言，徽州人明代基本住在楼上，而至清代则主要以居住在楼下为主。还有的徽州古民居建成一厅五室结构，在祁门县的渚口和六都村即有这种被称为所谓“一府六县坊”式的民居建筑。

在民居营造的过程中，徽州人还于民居的门楣上方嵌入精心雕琢的砖雕，高出墙壁，创造出了别具一格的翚飞式门楼，形成了外观优美整洁的门罩。对此，来自天津静海的清末徽州知府刘汝骥，曾以非常精练的文字，细致地描述了徽州村落和民居的状况，云：“弥望皆瓦屋，他处惟名城巨镇有之，徽歙则小村落皆然，草房绝少。屋多建楼，大家厅事极宏敞，梁用松，柱用杉柏与银杏，皆本邑产。墙用砖，铺地以石，或用砖及木板。一门颜雕刻，辄数十百金。”[①]可见，自明至清，徽州村落中的民居建筑始终保持了自身的地域特色。

二、徽州传统民居建筑中的禁忌

在徽州传统民居建筑的整体布局中，四兽俱全、山水兼备是最为理想的环境，而民居建筑的最大忌讳则有以下几点：

民居的朝向：在民居的选址和整体布局确定后，住宅的朝向就成为至关重要的一环了。“凡造屋，必先看方向之利与不利，择吉既定，然后运土平基。基既平，当酌量该造屋几间，堂几进”[②]，阳宅讲究纳生气，作为测量房屋

①［清］刘汝骥：《陶甓公牍》卷十二《法制科歙县风俗之习惯》，载《官箴书集成》第10册，黄山书社1997年版，第581页。

②［清］钱泳：《履园丛话》卷八《艺能·营造》，中华书局1979年点校本，第325—326页。

方位朝向的主要工具，休宁万安生产的罗盘被广泛使用于徽州各地。风水先生正是借用罗盘指针来观察和确定各地理方位的吉凶与生克，从而确定一幢民居最终的方位和朝向。在确定房屋朝向的过程中，徽州存在不少忌讳，如门前不能有方塘，屋后不能有孤山包或坟包等。歙县芝兰轩风水师谢氏在为黟县宏村春晖堂选址时，就在《大造吉期》的文书中第一部分对春晖堂的宅基方向和禁忌给予了说明，云："一、宅基丑山未向，加癸、丁，辛巳年大利。一、山运壬辰水，忌土，以木制吉，乙、庚干全。天燥火，己亥时；例家煞，戊戌日。宅主：乙酉、癸未；子，丁未、甲寅；媳，乙卯、乙卯；孙，丁丑；孙女，乙亥、己卯。"[①] 另外，徽州人还采用"辨土法"来测量房址的气脉。其操作要领是，由风水地师使用罗盘在准备造房的屋基上选定合适位置，挖一尺二寸左右的土坑，将挖出的土研细，过筛后再倒回坑中，不按实，用竹片刮平，第二天观察，凸隆起则表示地脉旺，为吉地，反之则凶。凶地连续测三日结果一样，就要另换位置重测，或是放弃宅地另择他处。

安门：一幢民居的方位和朝向确定以后，如何安门便成为紧要的问题。门是整幢民居建筑的主要入口和气口所在，在民居建筑中占有非常重要的地位。除了提供进出房屋的基本功能外，有关依附于其上的传统标志和审美等象征意义功能也十分强烈。如何根据民居所处的地理方位和周围环境，选择和确定门的位置和朝向，的确是一个不小的学问。对此，一些术数类专书特别强调指出："宁为人立千坟，不为人安一门。"这实际上就是说一幢建筑物房门选择和确定的困难。在明清至民国时期徽州各地的民居建筑中，门的类型和朝向可以说是类型多样、特色突出和千变万化的。但不管怎样变化，民居建筑物的正门一般都会开在宅前，或位于整幢民居建筑的中轴线上，或稍偏向左侧。但受宅基所在地形和地势的限制，徽州民居中又有不少门无法按照堪舆风水师的要求面朝吉向。于是，一些趋吉避凶的各种假门、斜门以及不少设而不开的样门便大量出现在徽州。在黟县西递胡氏宗祠存仁堂后壁中所特地设置的一门，即为设而不开的样门，"西房闲壁置楼梯，其后壁一

① 刘伯山：《徽州文书》第二辑第6册，《清光绪六年九月歙县芝兰轩立修造房屋吉书》，广西师范大学出版社2005年版，第354页。

门，盖行家宣泄之法，然亦虽设常关也”[1]。《新安徐氏统宗祠录》也有对假门予以说明，云：“祸绝之方，开门不利。虽造假门，永不宜开。”正如我们在前面所述的那样，徽州民居门的朝向还与房屋主人的职业有关，所谓“商家门不宜南向，征家门不宜北向’。则商金，南方火也；征火，北方水也。水胜火，火贼金，五行之气不相得，故五姓之宅门有宜向。向得其宜，富贵吉昌；向失其宜，贫贱衰耗”[2]。这实际上早在东汉时期就已产生的所谓“图宅术”就是众多徽商在建造房屋时对门的朝向之最基本要求。而绩溪石家村“一村人家，门楼北向”[3]，则又彰显了聚居该村的石守信后代缅怀中原地区先祖的文化情思。

附属性设施的禁忌：在明清和民国时期徽州的民居布局和结构中，除主屋外，还有一些附属性建筑，如门、主房、灶“三要”和门、路、灶、井、坑、厕“六事”。这些附属性建筑设施也有许多禁忌，如屋后建小屋、起批孝屋等，禁忌即特别多。《阳宅十书》指出：“凡人家起屋，屋后莫起小屋，谓之‘停丧’，损人口。若人住此小屋，尤不吉。”“凡宅起披孝屋，即后接连盖是也，主横死人丁、退田产。凡人家盖屋，后不许起仓库，谓之‘龙顿宅’，主家财不兴。凡人住屋拆去半边，及中间拆去者，谓之‘破家杀’，主人不旺。”“凡宅天井中不可积屋水，主患疫疠；不可堆乱石，主患眼疾。凡宅侧屋，不可冲大门，触秽门庭，主灾殃。”[4]诸如此类的禁忌，在徽州的传统民居及附属性设施建筑中可以说是广泛地存在。徽派民居建筑的天井所谓“四水归堂”，其实既是徽州人聚财不散观念的外在表现，也是规避堪舆风水理论中“天井中不可积水”观念的内在机理。

徽州传统民居在建造过程中也逐渐形成了一系列相对复杂的习俗和禁忌。

一是民居开工建设良辰吉日的选择。《鲁班经》和《黄帝宅经》对民居营建破土、动工、上梁、覆顶等环节，都有良辰吉日选择的记录。在明清时代的徽州，每年一至十二月中，每月都有能否动土和开工吉凶与否的记录。

① 同治黟县《明经胡氏存仁堂支谱》卷首《续序》清同治八年活字刊本。

② ［汉］王充：《论衡》卷二十五《诘宅术》，上海古籍出版社 1990 年版，第 240 页。

③ 文字见安徽省绩溪县石家村魁星阁内匾额。

④ ［明］王君荣：《阳宅十书》卷三。

以五月、三月为例，《黄帝宅经》对五月修房动工吉凶日有着较为具体的记载，云："五月丁巳日修，吉。北方不用壬子、丁巳日。亥为朱雀、龙头父命座，犯者害命坐人。三月丁、壬日修，壬为大祸，毋命犯之，害命坐人，有飞灾口舌。修巳、亥同。子为死丧龙右手长子妇命座，犯之害命，坐人失魄伤目、水灾口舌。修，巳、壬同。癸为罚狱勾陈次子妇命座，犯之害命，坐人口舌斗讼。"[①] 徽州各地因地理条件的限制，民居奠基、开工的良辰吉日并不一致，但有一点是可以肯定的，那就是不能触犯太岁，决不能在太岁头上动土。安徽大学徽学研究中心收藏了一批完整的黟县宏村春晖堂起造文书，其中清光绪六年（1880 年）九月十六日，房主专程赴歙县，请著名的歙县芝兰轩风水师谢氏拣日子文书弥足珍贵。这件文书原题为《大造吉期》[②]，内容如下：

一、动土：平基、安脚，选辛巳年二月十九辛亥日，吉；辰、酉时大吉。忌乙巳、丁巳生人。

一、起工：架马、画墨，选辛巳年三月初七乙巳日，吉；辰、未时大吉。忌癸亥、乙亥生人。

一、选辛巳年五月初三甲子日，吉；卯、酉时定磉、安门槛，吉。忌戊午、庚午生人。

房屋开工后，徽州各地都有这样的传统风俗，即邻里亲族众人齐心出人、出钱、出物、出力，以共同把房屋建好。它体现出了徽州人邻里亲族团结互助的精神风貌。

其次是上梁与竖柱阶段与过程中的习俗与禁忌。徽州人在建造房屋至上梁、竖柱阶段时，基本上大功告成了，所谓"扎架竖柱，用车盘梁。纽竿摆列，伺候上梁。钉椽岱屋，盖瓦成堂"[③]。因而，其在这一阶段所举行的仪式也显得特别隆重而热烈。同开工要选择良辰吉日一样，上梁、竖柱也要请风水先生选良辰、择吉日。在正式上梁、竖柱那一天，即将落成的新房主人要遍发请帖，邀请远近亲友前来祝贺，并以丰盛的酒菜大宴宾客。上梁时，要画

① 佚名：《黄帝宅经·阳宅图说》，载《古今图书集成术数丛刊：选择》，华龄出版社 2008 年版。
② 刘伯山：《徽州文书》第二辑第 6 册，《清光绪六年九月歙县芝兰轩立修造房屋吉书》，广西师范大学出版社 2005 年版，第 354 页。
③ 原藏于歙县王村、现藏于安徽大学徽学研究中心特藏室伯山书屋的一部由清代无名氏抄写的无题日用四字口诀手册，暂定名为《日用手册》。

木梁并披红彩、插金花、挂灯笼以及木制棒槌。照壁枋贴上用红纸黑字或金字书写的“紫微高照”或“吉星高照”等对联，照壁柱上也贴满祝贺吉祥发达字样的楹联。从远处望去，一派绯红飘飘、喜气洋洋的景致，十分热闹。上梁时，由木匠师傅喝彩叫好，杀公鸡、放鞭炮，并从梁上抛木槌、撒糖果，而后再牵猪过堂，以祝福主人家未来六畜兴旺。还是宏村的春晖堂《大造吉期》[①]文书，对房屋上梁也有专门拣日子的记录。内容如下：

一、选辛巳年前七月廿庚辰日，吉；辰、酉时，开柱眼、画梁楣、结筍，吉。忌甲戌、丙戌生人。

一、大造：上梁选辛巳年八月初六乙丑日，大利；初五夜子丑、卯时，排列堂柱，吉。忌己未、辛未，生人免见。酉时上梁，入筍落砖仝，大利。

在以上经过风水师精心择日、完成所有仪式后，接着便是房屋主人大宴宾客了。

正如在民居选址中遇到不佳风水而使用符镇以消灾弭祸一样，明清至民国时期徽州人在民居营建的过程中，如果遇到风水或习俗中的某些禁忌，也往往以符镇的形式予以禳除。《阳宅十书》云：“修宅造门，非甚有力之家，难以卒办。纵有力者，非迟延岁月，亦难遂成。若宅兆既凶，又岁月难待，惟符镇一法可保平安。”对住宅外形的一些触凶之处，《阳宅十书》亦列举了多种情形及禳除厌镇之法，如“凡人宅舍有神庙寺观相冲射者，大凶，用大石一块，硃书‘玉清’二字对之，吉；凡有木箭冲射者，凶，用锛斧凿锯柏木版一尺二寸，硃书‘鲁班作用’四字吊中堂，

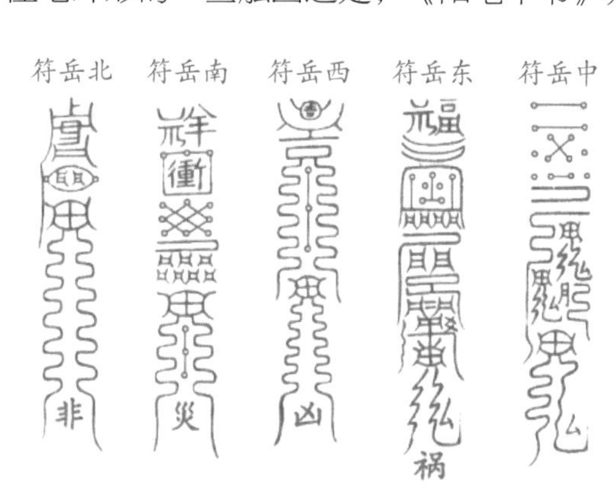

图 3-4 《阳宅十书》中收录的各种阳宅厌镇符

① 刘伯山：《徽州文书》第二辑第 6 册，《清光绪六年九月歙县芝兰轩立修造房屋吉书》，广西师范大学出版社 2005 年版，第 354 页。

吉；凡宅有探头山，主出贼盗之事，用大石一块，硃书‘玉帝’二字，安四吉方镇之；凡宅在寺前庙后，主人淫乱，用大石一块，硃书‘天蓬圣后’于宅中，吉；……凡道路冲宅，用大石一块，书‘泰山石敢当’吉。”①

此外，作为符镇的一种方式，徽州民间不少住宅房屋还采取了使用某些装饰性图案、雕刻和彩绘等以趋吉避凶，如吉祥图案中的鱼（余）、蝙蝠（福）、鹿（禄）、龟鹤（寿）、狮（辟邪）、荷（平安）、水仙（神仙）、扇（善）、云（祥瑞）、竹（君子）等，都寄托着徽州人期盼美好生活的理想。

总之，明清至民国时期，徽州民居追求人与自然特别是周围环境的和谐相处。“几层小楼傍山隈，六尺地重三户开；游客不知人逼仄，闲评都说好楼台。”②徽州人就是在这粉壁黛瓦马头墙的别具特色的民居中，过着一种几乎是世外桃源般的聚族而居的生活。

三、徽州传统村落中民居的构成及其与村落的关系

明清至民国时期，徽州的传统民居建筑从选址、布局、建造到落成，拥有一整套较为完整而独特的规制与习俗，并与整个村落形成一个完美的整体。

明清至民国时期的徽州村落中的民居和村落之间的关系是局部和整体的关系。作为徽州村落建筑的个体单元，民居在整体上服从于村落的总体规划，一幢幢的民居连成一片或一线，并纵深拓展，鳞次栉比，沿着山脚或河流整齐地伸展和分布，形成了众多的街巷，从而构成了村落的整体。但是，作为村落整体构成中的个体单元，单体民居的选择、布局、形制和群体组织方式，在某种程度上又影响了村落的整体结构形态。

兹以明代休宁古林村整体规划和街巷民居分布为例，阐释明清徽州民居建筑与村落规划之关系。古林距休宁县城海阳镇南约五十里，位于休宁至婺

---

①［明］王君荣：《阳宅十书》卷四。

②［清］俞正燮：《黟山竹枝词》，转引自舒松钰：《黟山风物诗词选》，黟县2001印。

源交通要道上。其村基址来脉自十八坑从西南奔舞，东起青龙寨，逶迤转西，起钟山落下结，撤地梅花，过胡塘脱，下平田起，土阜如船形。面前有腴田数百顷，为之内明堂；田之南有梅源之水入古溪，绕基址之北而东下方塘，前后之水汇于方塘，而出大溪。大溪水由黄茅、塔岭而出，从西南绕基址之北，东流汇浙源之水而下桐江。溪之上有石梁，有清漪堨。基址之前有岑山秀丽，为近朝。十八坑有寨峰，有文笔，有天马，罗列为远拱。基址之后有护砂平地数千顷。在这样一个大的环境下，黄氏族人对古林村进行了整体规划：首先建太公祠堂于平地上，北市之路东通西，为萃秀街，市肆广置南北货物，作为四方客商交易之所，市廛稠密，基址赖以为屏。大溪之北有岩山，土屏为远托。颜公山、阳台山，西隅而耸秀；考坑源、金谷源，东隅之幽深；南跋峻岭有云谷庵，北涉漪水有西涌寺。基址之东，有南通北之巷，名“邦达巷”，此为显达荣归、迎亲遣嫁之通衢，巷之北首巷口墙门题额曰“乔木世家”。基址之中心，规划有南通北之巷，额名“永宁巷”，其余南通北之巷共有六条之多。基址后则规划有东通西之巷，一巷之折中处，又规划为“中林里”。邦达巷折中处有古株木一株，基址后巷东首有古株二株，丈余榆木一株，基址之上下，掘有公汲井十一口，私室井十口。其环村四周，有众塘以资灌溉农田。沿街巷两边和纵深分别规划建筑民居，著名者有友恭堂、存雅堂、中和堂、怀德堂、友于堂、敬义堂、罜锡堂、素履堂、爱日堂、正谊堂、延有堂、复一堂、太和堂、丽泽堂、明德堂、明远楼。堂之左右，寝室燕翼，建有书舍和闲适吟咏之处，计有丛桂馆、天香书院，如芥子居；燕居如怡怡亭，如仰岩楼，如看剑斋，如修竹；门墙如云月楼，如听蕉居，如宜尔居；别墅如雪亭，如倚翠亭，有池蓄鱼，有砌种竹，南亩园如虚游室，如四宜阁，西园如成德堂，如凝华轩，阶前培植花木，时有不断之香。萃秀街之西有楼，额曰“警视”；市之上有平楼三进。水口之上有文昌阁，有德松亭，有书舍，有尼庵，松篁苍翠。同时，古林村的规划还对黄氏之外的叶姓和俞姓民居以及地位低贱的伙佃宅居进行了安排，因叶姓和俞姓皆为古林黄姓之赘婿，故其宅居的规划是依照外家布局，“社仓相共，庆吊往还，敦姻娅”。伙佃之屋则“星列宅之左右，为外卫”。[①]

① 崇祯《古林黄氏重修族谱》卷一《谱基址·基址图记》。

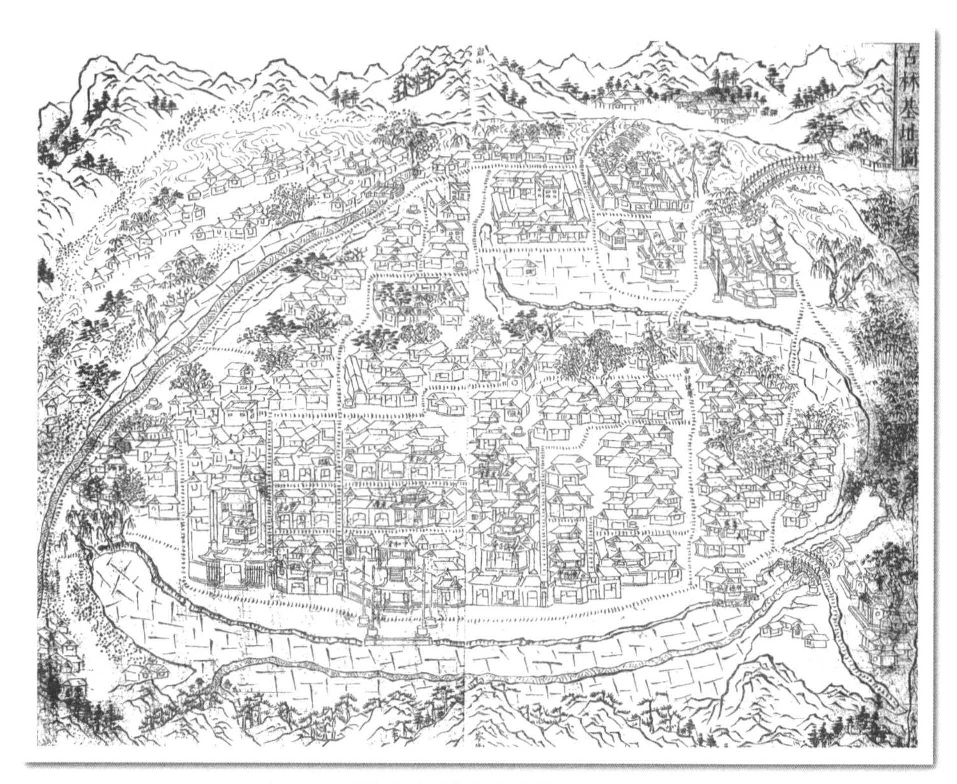

图 3-5 明代崇祯时期休宁古林村村落基址图

由此可见，明代休宁县古林村街巷、民居和相关公共建筑，是按照古林村落的整体规划依次建造的。当然，不同时代的民居也并不是杂乱无章的，而是“今之宅舍有远近创建，杂处于其间”。这种新旧民居杂处的格局，其实依然是围绕村落的整体规划进行的。

总之，明清至民国时代的徽州村落，民居的规划与营造服从于村落的整体规划，或者说，一幢幢单体民居都是严格按照村落的整体规划依次建造，有序排列，积聚成群，构成了村落的整体。村落的整体规划决定着民居的规划和建设，民居的规划与建设又在一定程度上影响着村落的整体规划。

第四章

世界文化遗产——徽州传统村落黟县西递、宏村规划建筑理念与实践个案研究

在 2000 年 11 月 23 日至 12 月 2 日举行的联合国教科文组织世界遗产委员会第 24 届会议宣布，地处皖南的徽州传统村落因其独特的建筑形式、同一性及其在景观中的地位，具有突出、普遍的单独或相互联系的建筑群等历史、艺术和科学价值，荣幸地被列入世界文化遗产名录。这是徽州也是中国贡献给世界的又一份珍贵的历史文化遗产。

作为体现历史时期人与自然和谐相处规划与设计理念的古建筑群，皖南传统村落是指安徽省长江以南具有共同地域文化背景的历史传统村落。依山傍水的村落选址、粉壁黛瓦马头墙式的徽派古民居建筑、水口园林和祠堂、牌坊林立等，是以徽州为代表的皖南传统村落的典型特征，是徽州传统村落最基本的构成要素和主要特征。这些特色鲜明的传统村落主要分布在过去徽州府歙县、休宁、婺源、祁门、黟县和绩溪等六县地域范围内。因此，“徽州古村落”或“徽州传统村落”往往又被视为皖南古村落或传统村落的典型代表。黟县西递和宏村由于村落的整体建筑遗存保存完整，且集中代表和体现了皖南传统村落的基本特征，因此，非常幸运地被作为皖南古村落的代表申报世界文化遗产并获得批准。

徽州境内高山纵横、峰峦叠嶂，素有“七山一水一分田，一分道路和庄园”之称。这一相对封闭的地理环境，使得徽州历史上很少受到战争的破坏，成为历代逃避战乱理想的世外桃源。自东汉末年起，历经东晋南朝、唐末五代和两宋之际等历史动乱时期，中原地区士家大族为躲避战乱，先后掀起了三次大规模的向徽州迁徙的移民高潮。所谓“邑中各大姓，以程、汪为最古，族亦最繁，忠壮、越国之遗泽长矣。其余各大族，半皆由北迁南。

略举其时，则晋、宋两南渡，及唐末避黄巢之乱，此三期为最盛”[①]。三次大规模的人口徙入徽州，奠定了徽州地区人口的基本格局，徽州地区原始居民——山越人也逐渐完成了与移民同化的过程。

在第二章，我们曾经指出，历史上的徽州人笃信堪舆风水理论。因此，在村落选址和兴建过程中，徽州人既考虑物质上的因素，也注意精神上的追求。他们十分重视村落地形的选择和整体布局，所谓“依山造屋，背水结存”，依山傍水、山环水绕、负阴抱阳，尽可能体现天人合一思想的村落选址，显然是徽州传统村落最为突出的特征之一。从人文方面说，徽州传统村落最显著的特征是聚族而居，“大抵新安皆聚族而居，巨室望族远者千余年，近者犹数百年，虽子孙蕃衍至一二千丁，咸有名分以相维，秩然而不容紊”[②]。正如歙县《棠樾鲍氏宣忠堂支谱》所云：“吾邑万山中，风俗最近古；村墟霭相望，往往居族处。”[③]如西递就是胡姓宗族的聚居村，而宏村则是汪姓宗族的聚居地，所谓“大江以南，巨族相望，而新安汪氏为魁冕。……其子姓往往散处四方，然新安六邑之间，祠墓不改，岁时伏腊，彬彬秩秩，具有规条，其于崇本厚始之道最为近古，非他氏可比”[④]。

徽州传统村落依据其地形特点，大体可划分为山地村落和河岸村落两大类型。山地村落大多坐落于山坞、山麓、隘口和交通要道旁，这样既便于灌溉，又利于排水。像名为伏岭、山阳、凫峰、豸峰、璜尖、关麓和山背等村名，一看就知是属于山地型村落。而河岸村落则分布于河曲凹岸、河口、渡口与河流冲积扇地，如北岸、溪口、箬溪、临溪、汪口和江湾等村，则显然属于河岸型村落。就黟县的西递和宏村而言，它们都因地形特点，而应归属于山地村落之列。陆林等著《徽州村落》则根据布局形态，将徽州传统村落划分为集居型村落和散居型村落两种。[⑤]

随着历史和时代的变迁，传统的山越干栏式建筑也逐渐被粉壁黛瓦马头墙式的徽派建筑所取代，加上唐宋以来至明清时期，徽州经济繁荣，人文荟萃，教育文化发达，特别是明代初年徽商的异军突起和宗族势力的扩张，徽州传统村落的建筑特色逐渐发展成型。现存的徽州传统村落，大多是在徽州经济文化

①民国《歙县志》卷一《舆地志・风土》。
②嘉庆《桂溪项氏族谱》卷二十一《风俗・龙章公梓里遗闻五则》。
③嘉庆《棠樾鲍氏宣忠堂支谱》卷二十二《文翰・同老会诗》。
④乾隆《弘村汪氏家谱》卷首《序・乾隆十二年徐本序》。
⑤参见陆林、凌善金、焦华富：《徽州村落》，安徽人民出版社2005年版。

最为繁荣发达的明清时期集中兴建和最后定型的。明代弘治年间，徽州知府何歆有感于“徽郡火灾，屡为民患”的惨剧屡屡发生，于是“令民每五家为甲，均贫富，量广狭，出地朋役，砌墙以御火患”[1]。这就是徽州传统村落民居中封火墙的由来。由于封火墙高低错落有致，形似马头，故又被称为“马头墙”。

作为世界文化遗产——中国皖南古村落的杰出代表，黟县西递和宏村无论在村落自然环境和人文环境的选择与布局建设上，集中体现出了徽州古村落或称徽州传统村落的基本特征与内涵，而且在构成要素上，也几乎涵盖了徽州传统村落的水口、古民居、祠堂、牌坊、书院（屋）家庭园林和亭台楼阁等主要内容。更具典型意义的是，西递和宏村的古建筑构件大都精雕细琢，石雕、砖雕和木雕美轮美奂，体现深厚人文底蕴的各类楹联，也几乎遍及各种建筑物之上。因此，无论就历史、艺术还是就科学价值而言，西递和宏村都是徽州传统村落中的光辉典范和杰出代表。

①《明正德元年八月徽州知府何公德政碑》，原碑现存于安徽省歙县新安碑园。

一、西递村的历史变迁与村庄规划

（一）胡士良开基西递及西递村的演变

西递地处安徽省黟县东南部，距县城十五里，坐落在世界文化与自然双遗产——黄山南麓，“自石山至慕虞，数十里之中，为一大村落”。该村由北宋元丰年间（1078—1084年）明经胡氏宗族壬派胡士良开基。相传，世居婺源考水的明经胡氏五世祖胡士良在从婺源赴金陵路经西递铺时，见该地“山多拱秀，水势西流”，“其东为杨梅岭，其南为陆公山，其西为奢公山，其北为松。山皆环拱，高不抗云。水二派，前仓之水发源于邦坞，后库之水发源于稣祥坞，涧澜双引皆向西流，人夸山水之钟灵，堪称桃源之盛壤也”，[①] 是一块绝佳的风水宝地。于是，胡士良携全家定居于此。宋元时代，西递进入繁荣时期，人文昌盛，族人多以理学著名，其最著者为七哲，即七位著名精英。

经过数十代的生息繁衍，至明代中叶以后，西递不仅成为教育文化发达之区，科举连第，仕宦辈出，而且村内经商也渐成风气。特别是在清代乾隆以后，西递胡氏宗族以胡学梓为代表的巨商迭起，财富迅速积累。西递村规模也在亦贾亦儒的仕宦人家和富商大贾的斥资营建下逐渐壮大，成为连屋累栋、鳞次栉比的一处气势恢弘、规模庞大的胡氏宗族聚居地。在乾隆末年捐输建造胡氏宗祠时，富甲一方的典当商人胡学梓一次性就捐输白银3859两7分，另助买旧料木屑银100两。[②] 这是胡学梓经营最富有也是西递村最为繁盛时期。因太子太傅、武英殿大学士管理工部事务、上书房行走军机大臣、

① 道光《西递明经胡氏壬派宗谱》卷一《村图跋》。

② 参见《清乾隆五十六年孟冬月黟县西递村乐输建造宗祠碑》，原碑现立于安徽省黟县西递村村口。

歙县人曹振镛之女曾嫁于该村，《西递明经胡氏壬派宗谱》纂修完成时，道光六年（1826年），曹振镛亲自为该谱撰写《序文》。在《序文》中，曹振镛对该村的繁盛之状曾有着绘声绘色的描述，云："夫胡氏壬派一支，自有宋历元明至今，更七百数十年，积三十余世，族姓繁衍，支丁近三千人。自非其宗之贤者笃于惇本睦族而相率以保家亢宗之道，乌能寖炽寖昌、久而益盛如是耶。余家于歙，距黟百里而近，曩以事过西递，馆婿家信宿，见山川清淑，风气淳古，弦诵之声，比舍相答。其人类无凉薄之习，而有士君子之行。"[①]诚如曹振镛所描述的一样，清代乾隆中叶以降，西递村确实进入了一个最为繁盛的发展阶段。

（二）西递村的规划理念与布局实践

西递古称"西川"，又称"西溪"，被比喻为"前仓后库"的前后两条溪流，四周绵延群山，使得西递村整体呈现出一艘巨舟出海的形状。据《新安名族志》记载，"其地罗峰当其前，阳尖障其后，石狮盘其北，天马霭其南，中有二水环绕，不之东而之西，故名'西递'"[②]，西递由此而得名。西递村在鼎盛时期的清代乾隆年间，经过整治以后，村庄规划整齐划一，村落水口、八景、民居、祠堂、道路、街巷有序分布排列。据统计，当时西递拥有六百多座宅院，九十九条街巷、九十多口水井。前边溪、后边溪和金溪三水穿堂绕户，西递人临水筑街，宽大厚实的青石板小桥溪上，构成小桥流水人家的繁华景象，不愧为"桃花源里人家"。

"绝妙楼台西递起，月光梅影画东溪。" 西递村规划的整体思路，将村庄视为一个整体，并以敬爱堂、追慕堂为中心，沿前边溪和后边溪两岸呈带状向外展开与辐射，以街道和巷弄串联鳞次栉比的古民居和古祠堂等建筑群。依次沿前边溪和后边溪两侧分布的四十多条保存完好的古巷辐射全村，大街小巷青石板铺就的道路显得古朴而壮观。在西递村头，明代万历初年修建的"胶州刺史"胡文光牌坊，雕刻精美，即使在今天皖南尚存的137座牌坊中，这座牌坊也堪称是上乘之作。与胶州刺史牌坊相对应的村口大夫第走马楼，是西递最美的人文景观之一，它建于清代康熙年间，是一座典型的临

① 道光《西递明经胡氏壬派宗谱》卷一《曹振镛序》。
② ［明］程尚宽等：《新安名族志》前集《胡》。

街亭阁式建筑。沿胶州刺史坊下进入拱形门后，便进入西递正街和横路街。正街上的追慕堂、迪吉堂，后边溪上的敬爱堂等胡氏宗族祠堂，是昔日西递胡氏宗族议事和祭祀的聚会场所。街旁和街后，则是错落有致的古民居和四通八达的幽幽古巷。深入古巷之中，古民居和庭园式园林建筑随处可见。在众多的庭院式建筑中，尤以西园、东园、瑞玉庭、桃李园、迪吉堂、枕石小筑和亦园为最美。玲珑小巧、布局紧凑、小中见大、雕刻精美、楹联遍布，是西递庭园式建筑的最显著特色。参天古树和绽开的花卉，使这些庭园充满了盎然的春色和勃勃的生机。

图 4-1 清道光初年西递村庄图

图 4-2 清道光初年西递村水口图

图 4-3 世界文化遗产——黟县西递村敬爱堂

镶嵌在古祠堂和古民居上的楹联，诸如“几百年人家无非积善，第一等好事只是读书”“白云深处仙境，桃花源里人家”“读书好，营商好，效好便好；创业难，守成难，知难不难”等，都在一定程度上透射出西递人乐观向上的生活态度和讲求孝悌伦理的处世哲学。

在众多民居、祠堂、牌坊和街巷等公共建筑构成的村落整体中，西递的水口依然是村落规划设计的重中之重。根据周密的规划，西递村的水口在村西的两山夹峙、山水交汇之处，距村约一里之遥。为涵养水源、蓄养真气，使水口成为藏风聚气之所，聚居于西递的明经胡氏宗族在水口旁广植林木，并在水口处开掘面积约一亩的水塘，以水塘聚真气。经过几代人的持续建设，西递村的水口山顶上建起了规模宏伟的魁星楼、文昌阁，庙宇与亭榭金碧辉煌，错落有致。在水口出处，西递人还建有一座石拱桥，作为进村的通道。同时在石拱桥对面，筑数十级台阶，并建关帝庙，供奉关帝塑像，高达丈余。关帝庙大殿右侧则建有凝瑞堂，堂上悬挂楹联，其文字是：“凝鉴涤尘心，左掖右掖水双带；瑞屏环福地，开门闭门山一帘。”凝瑞堂供奉观音菩萨一座及十八罗汉等塑像。关帝庙左侧则建有十将殿，殿前侧立一小庙，供奉医圣华佗。西递人不惜重金规划和营建水口，其实正反映了水口在整个村落选址与布局中的重要性。

二、宏村的历史变迁与村落规划

（一）宏村的历史沿革

距黟县城碧阳镇北二十里左右的宏村，是徽州传统村落的又一典型代表。

宏村同徽州其他古村落一道，无论在地理环境和空间布局上，还是文化底蕴上，都具有皖南徽州传统村落的普遍特征。该村山环水绕，呈坐北面南分布。雷冈山为其后龙山，东、西则有东山和石鼓山为屏障。南面一面相对地势平坦，系人工开凿的大面积水面——南湖。

宏村，原名“弘村”，因避讳清乾隆皇帝爱新觉罗弘历之名而改成“宏村”。南宋绍兴年间，宏村雷冈一带山场原属戴氏产业，幽谷茂林，蹊径茅塞，尚无宏村之名。因江东张琪等盗贼剽掠歙县，黟县境内土寇风起，原居祈墅的汪氏宗族三百余家民居被战火焚毁，纷纷谋求迁徙。汪彦济乃秉承仁雅公遗命，在雷冈山之阳购求宅基地数亩，卜筑房屋数椽，计有十三间，这就是被称为“十三间楼”的宏村最早民居建筑。后因其旧址不断扩展，遂成大家之象，故美其名曰“弘村”，汪彦济因此而成为宏村汪氏宗族的开山之祖。

宏村枕高冈而面流水，一望无际。但古滩一溪自南冲北，界划谢村亭（今宏村睢阳亭）于西，水道经下石碣（今宏村前街路）横街东偏（今宏村街口头直路），入东山溪，合石塔水，曲折出祈墅。汪彦济精通堪舆术，曾云：“两溪不汇，西绕南为缺陷。屡欲挽以人力，而苦于无所施。”又云：“沧海桑田，后先递变，继自今，吾子孙其惟望天工呵护乎？”至宋德祐元年（1275 年）五月望日，雷电风雨大作，迷离若飞山走石、腾蛟翔龙状，宏村一片汪洋，平沙无垠。次日，溪流“顿改故道，河渠填塞，溪自西而汇合，水环南以潴”[1]。

---

① 乾隆《弘村汪氏家谱》卷二十四《开辟弘村基址》。

至此，直至元明清时期，宏村汪氏宗族逐渐获得长足发展，科第兴盛，人才辈出，经商成风，大贾迭现，经济实力的增强和政治力量的崛起，宏村在村落建设上也开始进入了快速发展阶段，形成“烟火千家，栋宇鳞次，森然一大都会”①。

（二）宏村的村落规划理念与实践

堪舆风水的理念和防火用水的实践，是宏村村落规划始终贯彻的基本主线。

早在元末，汪彦济九世孙汪玄卿乐善好义，四方文人墨客过访无虚日。对来访的堪舆家，汪玄卿尤为厚待之。他曾与堪舆家一道，相望楚景山，堪舆家偶指村中四季泉涌不竭的天然窟穴曰：“此宅基洗心也，宜扩之，以潴内阳水而镇朝山丙丁之火。”汪玄卿深信不疑，并将其记录在家谱之中。

至明初，汪思齐拟于窟穴之北建造家祠，但未敢轻易动工。为避免重蹈祖南宋时战火引起的火灾连绵之切肤之痛，汪思齐、汪升平父子不惜重金，三次登门聘请休宁县号称“国师”的著名堪舆家何可达等前来宏村。何可达等踏遍宏村周围山川，详细审视其脉络，援笔立记，指出：“引西溪水以凿圳，绕村屋，其长川沟形九曲，流经十湾，坎水横注丙地，午曜前吐土官。自西自东，水涤肺腑，共夸锦绣蹁跹；乃左乃右，峰倒池塘，定主甲科延绵。万亿子孙，千家火烟，于兹肯构，永乐升平。”②对宏村进行改造，从而拉开了宏村第一次大规模改造和扩建的序幕。

在汪思齐、汪升平父子出资万余两白银并亲自带领下，宏村汪氏宗族成员按照“国师”何可达的指点和筹划，接引西溪水入村，开凿百丈水圳，“南转东出，而于三曲处瀹小浦。又分注西入天然窟，窟之四畔，皆公租田，计五十有一砠沿圳绕村内各户，蓄内阳之水，疏村内的月沼。万历年间，宏村经济和政治力量更加强大。于是，汪氏宗族大小族长共同出资，购置稻田数百亩，掘深并凿通村南大小泉池滩田，使其成环状水面，这就是宏村著名景观的“南湖”。至此，宏村完整的阴水（泉水）和阳水（河水）水系得以形成。阳水由水圳引入村内，并经月沼流进南湖；阴水则经山涧流入村中，并通过南北向的水圳穿村而过，最后也汇入南湖。何可达高足弟子薛道全后来形象

① 乾隆《弘村汪氏家谱》卷二十四《开辟弘村基址》。
② 乾隆《弘村汪氏家谱》卷二十四《月沼纪实》。

地将宏村总结为是“牛形村落”。

关于宏村南湖，据《雷冈汪氏家塾记》云：村“南有湖曰南湖，广百余亩，居民以时蓄泄，灌溉之饶，环食其利。堤植花柳，浓荫翳如，夏则菱荷殷然，弥望一碧，游迹之盛，比于浙之西湖。堤外有溪，曰西溪，清风徐动，沦漪自生。湖光映带，与之同白”[①]。

图 4–4 黟县宏村南湖景观

清代中叶至民国初年，是宏村经济最为繁盛的时期。汪氏宗族成员在浙江经营盐业等商业的巨大成功，带来了滚滚不竭的财富。于是，宏村最大一次规模的建筑群也在这一时期开始了建设。紧傍秀美风光的南湖北岸，一座气势宏伟的以文家塾在嘉庆年间落成了；尚德堂、三立堂、乐贤堂和如今宏村最为奢华的承志堂，也先后在道光至宣统年间拔地而起。南湖书院占地十五亩，分别由志道堂、文昌阁、启蒙阁、文会阁、望湖楼和祗园等部分组成，清末翰林梁同书亲自为这座书院题写“以文家塾”的匾额。承志堂是一幢大型徽商住宅，兴建于清末咸丰初年，占地面积两千一百余平方米。整幢建筑为正厅前后两进回廊三开间结构，左右有东西厢小厅，前有外院、内

① [清] 汪云卿：《吾族先贤大略》卷四《典故·雷冈汪氏家塾记》。

院，东有花园，另有书房厅、鱼堂厅、排山阁和吞云轩等建筑。承志堂有七个楼屋、九个天井和六十个大小房间组成。这些建筑的石雕、木雕和砖雕精美绝伦，楹联遍布，书画高悬。承志堂之名意在缅怀祖先、继承遗志、慎终追远。因此，整个建筑不仅体现出了人与自然的和谐，而且体现出了皖南古民居的封闭性、内向性和等级尊卑观念，是一处封建商人追求奢华与铺张的典型代表。

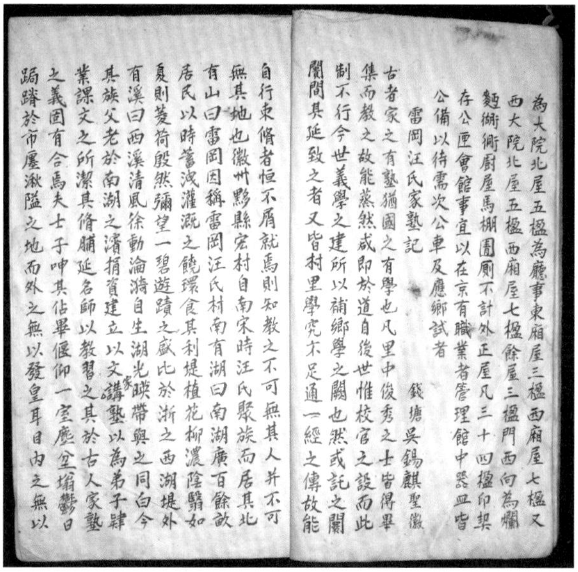
為大院北屋五楹為廳事東廂屋三楹西廂屋七楹又
西大院北屋五楹西廂屋七楹餘屋三楹門西向為爛
麪衕衕廚屋馬棚圊厠不計外正屋凡三十四楹印契
存公匣會館事宜以在京有職業者管理館中器皿皆
公備以待需次公車及應鄉試者
雷岡汪氏家塾記　錢塘吳錫麒聖徽
古者家之有塾猶國之有學也凡里中俊秀之士皆得畢
集而教之故能蒸然成即於道自後世惟校官之設而此
制不行今世義學之建所以補鄉學之闕也然或託之闤
闠其延致之者又皆村里學究不足通一經之傳故能
自行束脩者恒不屑就焉則知教之不可無其人并不可
無其地也徽州黟縣宏村自南宋時汪氏聚族而居其北
有山曰雷岡因稱雷岡汪氏村南有湖曰南湖廣百餘畝
居民以時蓄洩灌溉之饒環食其利堤植花柳濃陰翳如
夏則菱荷殷然彌望一碧遊蹟之盛比於浙之西湖堤外
有溪曰西溪清風徐動淪漪自生湖光映帶與之同白今
其族父老於南湖之濱捐資建立以文[家]講塾以為弟子肄
業課文之所潔其脩脯延名師以教習之其於古人家塾
之義固有合焉夫士子呻其佔畢偃仰一室塵坌塕鬱日
蹈躇於市廛湫隘之地而外之無以發皇耳目內之無以

图 4-5　南湖汪氏家塾记

在人工开凿的村内月沼四周，分别分布着务本堂、振绮堂、敦本堂、聚顺庭、望月堂、乐叙堂、敬修堂、根心堂和树志堂等汪氏宗族的支派祠堂和民居。这些祠堂和民居高低错落有序，宛如众星捧月般拱卫着一弯似月的水塘——月沼。

宏村古建筑群不仅拥有优美的山水环境、合理的功能布局、典雅别致的建筑造型，而且与大自然和谐相融，实在是一处既合乎科学又富有情趣的生活居住环境，是中国传统村落的精髓，是中国皖南古村落最为杰出的代表。联合国教科文组织世界遗产考察组专家、日本千叶大学教授大河直躬博士在阐述对宏村的印象时指出：“宏村独特的地方首先是沿湖周围景观非常美，是中国典型的城镇景观。宏村有很多非常大的精美的建筑，如承志堂，是一流的住宅建筑，并且还有很多优美的街巷。往远处看，有非常好的自然背景，尤其是南湖周围的景色，在世界上很难找到与之相类似的例子，在欧洲可以找到类似的地方是意大利的威尼斯、荷兰的阿姆斯特丹，但那是大城市，宏村是举世无双的小城镇水街景观。”

类似西递、宏村的自然与人文和谐相融的古村落在皖南还有许多许多，歙县的雄村、许村、棠樾、渔梁，从歙县析出的徽州区唐模、呈坎、蜀源，休宁的万安、陈村，婺源的理坑、李坑、汪口、思溪，祁门的渚口、历溪、六都，黟县的关麓、屏山、南屏、卢村，绩溪的湖村、瀛州等。这些地域特色鲜明、人文与自然和谐、文化底蕴丰厚的皖南古村落，不仅是中华民族丰厚的历史文化财富，而且也是世界人类文明珍贵的遗产。它所透露和折射的中国传统文化的深刻内涵，正在被越来越多的世人所了解和认识。

图 4-6 黟县宏村月沼

图 4-7 宏村汪定贵居室——承志堂

第五章

徽州古民居营建理念与实践研究

民居住宅是徽州包括村落在内的聚落中之主题建筑物，徽州的传统民居从山越时的典型干栏式建筑，到粉壁黛瓦马头墙成为徽州民居的主体，经历了漫长的演变历程。事实上，两宋以后，脱离了干栏式建筑之后，徽州的民居建筑究竟呈现出一种什么样的模式，限于实物和文献的不足，目前我们尚很难给予全面的探讨。而以粉壁黛瓦马头墙为标志的徽州建筑，从我们已经掌握的文献史料来看，至迟在明代成化以后才出现和形成。

一定特定历史时期的代表性建筑，是一个民族或地域文明程度高低的侧面缩影。无论是其政治、经济、科技、教育、思想和文化，还是意识形态及其精神追求，都融合在一起。而民居则是万千普罗百姓不可或缺的栖身之地，它同样是时代文明的缩影，蕴含着丰富的文化内涵。从某幢古民居上，我们可以看出始建者有血有肉的生命之躯，是怎样物化为这一由土块或砖石组合而成的身外之物。

就徽州现存的明清至民国时期的民居而言，它们虽然是传统村落中重要的构成元素，具有较为鲜明的时代和地域特征，但因它是驰骋天下的徽商活动的成果，因而也势必受到外来建筑文化的影响。况且徽商“贾而好儒”，与儒学、官宦互为表里，故它的内涵就必然超越地域的空间边界，并受民族传统文化和风俗时尚浸染，成为同一时期中华民族文明的特殊载体。

一、建筑风格的演变

徽州传统民居有一个形成、演变和发展的过程。

一位外乡人徜徉于徽州城乡，会对徽州传统民居及由各单体组成的聚落、水口等的独特风貌而赞叹不已。那粉墙、黛瓦、马头墙、门罩、楼层，清丽素雅，人文浓郁，由古道深巷网结而成的村落如簇簇玉兰花，衬着绿水青山，惹人注目。但它内在的结构、装饰，则因时代的先后而有所不同。典型的明代民居，楼下比较矮，精美大气的木雕一般都安置在楼上的梁架、栏杆上，隔间墙的上部是泥封的芦苇编笆；柱下是用红砂岩雕磨的复盆基；大罩上的砖雕比较粗犷等。而清代及民国初年的民居，却是楼下高大开敞，那些精细写真的木雕都布饰在隔扇、窗门上；柱下的鼓墩形石礎是青色的，还有雕的竹节、花卉；大门上的砖雕则是细腻的团花或戏曲场景。

为什么同是徽州传统民居，会有各种不同的内部风格呢？是什么原因促使它变化的呢？

在这里我们有必要先交代一个问题：我们习惯上把徽州传统民居按时代分为“明代”“清代”，似乎是因朝代不同才有风格上的差异。其实，这只是一种笼统的、简单的划分。事实上，典型的明代徽州民居建筑有两个重要特征：一是建筑风格上马头墙即“封火墙”的出现，二是居室内部呈“楼上矮于楼下”的转变。第一个特征至民国时期都没有改变，成为徽州民居建筑最为典型的特征；第二个特征则直至明末才发生变化，即楼下已明显升高，升高到了清代乃至民国年间常见的高度；而完美的清代徽州民居也只是到清末才出现，民国初年才达到所谓的尽善尽美的地步。

徽州民居“粉壁黛瓦马头墙”的建筑风格是何时出现和形成的呢？学术界至今没有确切的结论。我们在歙县进行碑刻调查时，在新安碑园发现了一通《何君德政碑记》[1]，这通立明正德元年（1506 年）八月的碑记，是为纪念徽州知府何歆治理徽州期间的政绩而刻立的。其中特别值得关注的是，该碑记详细记载了何歆在徽州府治歙县倡导和推行旨在预防火灾的马头墙建筑的过程。碑文分碑阳和碑阴两个部分，现将碑阳文字摘录于下：

徽郡城中，地狭民蕃，闾舍鳞次而集，略无尺寸间隙处，其于郭外与各都鄙亦然。所最虑者火患耳，其患或一年一作，或一年数作，或数年一作。作之时，或延燔数十家，或数百家，甚至数千家者有之。民遭烈祸，殆不堪病。郡治厅事及正门俱丙向，昔有惑于堪舆家之说，以为丙属火，故火常为患，遂"扃"正门，于仪门左别启一门以通出入，盖欲以此却火也，而火患视昔不加少。前守率归之于气数，竟莫之为谋也。弘治癸亥夏，何君以名御史来守是郡，首究前惑，深惩之，既而历行通衢。乃叹曰："民居稠矣，无墙垣以备火患，何怪乎千百人家不顷刻而煨烬也哉！郡治正门固无与也。"于是复启正门，由之而塞其左道。不日，烈焰又作，君驰救之。时风猛火炽，不可向迩，君竭诚祷天，望而拜之曰："某不职，灾必及吾身，毋病吾民焉。"语毕，泪下如雨。风忽反，民来救之者犹痴视。君趍之，复自引大绳拽屋。民感动，奋救，火遂扑灭。诘朝，君乃召父老骈集于庭，喻之曰："吾观燔空之势，未有能越墙为患者。降灾在天，防患在人，治墙其上策也。五家为伍，伍甓以高垣，庶无患乎！"或曰：富家固优为谋矣，如两贫不相上，两强不相下何？"君乃下令曰："五家为伍，其当伍者缩地尺有六寸为墙基，不地者朋货财以市砖石、给力役，违者罪之。"民虽奉命，犹或忪地争伍不定。君复叹曰："百姓可与乐成不可与图始，固尔也。"日于政稍暇，辄偕僚佐出里巷，经营之，申其规画，譬以利害，定伍劝地，各得其情。道里稍远涉者，君不能以遍，则属通守陈君性之分理之，各有次第。民乃踊跃从事，不期月，城内外墙□□计者二千有奇。其各部鄙亦奉令惟谨，随所在俱不下千有余道。至如岩寺一镇，富庶尤多，服义化，从为速，其墙垣道数与城内外等。先是，已自立

[1] 原碑现立于安徽省歙县新安碑园。

石纪实矣。未几通衢又告灾，灾不越五家而止，邻里各暇为据、索利乘机攘奇者，举袖手无措。民知筑墙御火者，太守德政，真不可忘也。郡义民江志纯、许尚礼、詹以祺君相率构亭勒石，以垂不朽。适吾族侄世玉来同知郡事，世玉懋才识，且不没人善，目睹何君之德政而乐道之，笔具事状如前所云者。许尚礼奉状独走数百里，请予记之。于惟古之火政，谓火官也，掌察火星，行火政，以顺天时而恤民患。在帝喾世，则有祝融；在尧世，则有阏伯，民赖其德无患。后世鲜有职是官者，故火之患作，惟守土之官是赖。如刘昆治江陵而反风灭火，廉范治蜀令民蓄水备患，其夜作用火者不禁，患亦弗生，斯皆德政所感而致也。然惟惠及一时，弗克悠远，民且感之不忘，视火墙一德足以御患于千百载者，其为谋之浅深，垂泽之久近，何如也。然则徽人之德何君，视蜀郡之德廉范，江陵之德刘昆，亦殆中□也。况予素重何君学行，而闻其治徽循良善政尚多，如兴学平赋、弭盗恤狱、剔蠹屏奸、抑强举废之类，不可悉数。此仅其一端耳。进位通显指日可期，不纪兹石何以系徽人之去思，而为牧民者劝耶！君名歆，字子敬，东广博罗人，起家弘治癸丑进士云。

正德丙寅岁八月既望之。督工义民汪存应、汪克恭、陆彦功、章贵、程文、程机、张澍、耆民凌云汉、曹士文，万山汪文煜、程以献

我们之所以不惮烦琐，将该碑原文照录，就是为了说明所谓徽派民居建筑典型的马头墙风格与特征至迟是在明代弘治癸亥年（1503 年）夏广东博罗人何歆出任徽州知府后方才出现并逐渐推广和形成的。这种马头墙建筑风格，最初的功能和目的显然是出于防火的需要。从碑文中，我们不难看出，何歆在倡议推行封火墙时，并未得到徽州居民的积极响应，彼此互相扯皮。但何歆一面耐心亲自偕同僚佐，出入里巷，为之经营示范，“申其规画，譬以利害，定伍劝地，各得其情。道里稍远涉者，君不能以遍，则属通守陈君性之分理之，各有次第”。至此，徽州府城居民遂踊跃从事，不到一个月，城内外就砌成封火墙合计达两千多处。于是，徽州城乡迅速推广，粉壁黛瓦马头墙也由此成为徽派民居建筑的标志性特征，为后世所继承，并一直延续至今。

二、干栏式建筑风格的遗存

五百年中徽州传统民居最大的变化是楼屋底层的渐次升高，由“楼上厅”改变为“楼下厅”。

为什么明代前期徽州民居的楼下比较矮？遗憾的是，明代以前的徽州民居现在无遗存实物可证，但从歙县璜蔚乡天堂村出土的元统二年（1334 年）的《元墓石浮雕》[①] 上，我们可以看出大概。在《初登第》和《得意回》两幅石雕画面上，其房舍都楼下低矮，按其与楼前的骑马人相比较，不过七尺左右。它们临街（正立面）楼上通间设窗，窗栏行装飞来骑，檐下悬卷帘，屋面复以小瓦。这种楼屋外观作为一种传统或遗风，我们现在还能在徽州山区看到。这种楼下较低的民居，因楼上系明造而在内部显得较为高敞，既通风又避潮，在多雨潮湿的江南地区，人们住这样的楼上是较为舒适的。如果财力允许，建成三开间，左右为房，中间留作厅堂，用来团聚或待客，人们称它为“楼上厅”。建筑史家认为这种楼下低、楼上为重要家居活动场所的建筑，乃是干栏建筑的遗风。

干栏式建筑其来久矣。大约距今七千年前的河姆渡（现属浙江省余姚），就已出现干栏式建筑。它的基本做法是：先在地上打下成排成列的木桩，纵列较密，相当于后来楼屋低层的屋柱，尔后在桩上横榈下劈平的楅栅，尔后在楅栅上直铺木板（即后来的楼板），这就造成了一座房屋的平台。然后在平台上另立直柱，装梁枋桁椽 ，盖上草（后来才盖瓦）。它的墙壁是用芦柴编的，两面抹上泥（这种编笆墙的遗物，在歙县新州新石器遗址中也出土过）。至于这平台究竟有多高，具体尺寸难考。现在云、贵一带的高脚楼或竹楼，依然是干栏式样建筑，它的底层一般高七至八尺，即 2.7 米左右，因

①《元元统二年歙县璜蔚乡天堂村元墓生茔碑、石浮雕》，原碑和石雕现藏于安徽省歙县博物馆。

为只有这样高度才便于在平台下圈养牲畜或加工粮米、堆放柴草等。《元墓石浮雕》上的房屋，其底层低矮并不是偶然的。

元代民居的这种风格到明代还保持着相当一段时间。在现存明代民居中，如果仅从底层的高度这一主要特征去考察，下列这些居民都应属具有干栏式建筑遗风的民居：

宅名	底层高度（米）	现存地点
苏雪痕宅	2.72	徽州区潜口民宅博物馆
方光田宅	2.78	徽州区潜口民宅博物馆
胡金彩宅	2.66	徽州区潜口民宅博物馆（原郑村镇梅村）
毕德修宅	2.87	歙县棠樾村
何振宝宅	2.87	歙县棠樾村
方新淦宅	2.78	徽州区潜口民宅博物馆（原存林村）
方友珍宅	2.86	徽州区呈坎村

上表所列的七幢民居大都属于明代前期建筑，除底层高度有着干栏式遗风外，它们在平台构造、编笆墙的使用等方面，也显示出干栏式建筑的基本特征。

这七幢民居，就其规模、布局、装饰来说，是不尽相同的，我们不妨就此推断其始建者的生存状况：方光田宅，占地 59 平方米；胡金彩宅，占地 30.7 平方米。它们都是小三开间，基本无甚装饰，其应系自耕或小商贩的住宅。毕德修宅和何振宝宅，占地都在 56.5 平方米左右，且系合壁建筑，平面都是“官升格”，没有天井，也没有厅堂，不求装饰，它处在棠樾村东首，经由牌坊群、祠堂入村街巷的首冲之处，似为负有祠宇日常打扫管理、里巷早晚巡逻打更责任的二户佃仆住处。苏雪痕宅，占地 137 平方米，虽是三开间，但在充分利用有限地皮的前提下，不拘一格地安排堂屋和房间，而且也不忘在楼上临天井处安置“飞来椅”，这应是一户人口较多的中、小商人或处士文吏的住宅。方新淦宅，占地 214 平方米，平面布局较为自由，不但楼上的梁架构件和天井栏杆极尽雕琢之能事，而且天井石上的左右水池石栏也甚趋时尚，显然这是一位暴富了的徽商的住宅。须知，歙县柘林村在明代成化、嘉靖年间不但出了两位进士，而且更是中国历史名人、海商王直的故里。该村有如此精美的住宅，是不足为奇的。方友珍宅，乃万历丁酉（1597 年）乡试文魁罗希尹的私宅，占地 190 平方米。楼上异常精巧：将两楹柱做成垂花柱，扩大了楼厅的自由空间；垂花如悬置的一对花篮，故该

图 5-1 位于徽州区潜口民宅中的苏雪痕宅

楼称“花篮厅”。后墙上悬知县题写的“文魁”大匾。天井沿杆板一板一楸下边做成波浪形，如用荷叶剪就。楼下两厢的房窗做成宽约 1.4 米的大横窗，配上精致的窗栏，雅气十足，是很符合文魁身份的主人居住的。

以上七宅的底层都比较低矮，连方新淦的这种豪宅之家都未对这“传统”加以突破，充分说明干栏式遗风较明显的住宅，在明代中期以前乃是徽州地区较为普遍的居民样式。至于文魁罗希尹到万历中期还钟情于这种样式，只能表明他对祖制的恪守。但不管怎样，从建筑样式和审美方面看，方新淦宅和方友珍宅都已达到了干栏式建筑的顶峰。

三、从楼上到楼下的转变

延续数千年的干栏式建筑，实质上是江南多雨地区以农耕经济为基础的社会的产物。当然，数千年中它也有变化，如比起原始平台来，它的底层已有所升高；它已有了封闭性的外墙，屋盖由草簑改为瓦面等。由于楼下低矮，堆放杂物，人一进大门，其第一印象总不会太舒服。随着社会经济文化的发达，将楼下升高应是历史的必然。在徽州，就现存明代遗构来看，“第一只直立

起来的猴子”是老屋阁。老屋阁位于徽州区西溪南村，宋吴起隆始建，元天顺元年（1328 年）重修，明代景泰七年（1456 年）重建，时主人为吴斯能、吴斯和兄弟。[①] 吴氏富甲一方，乐善好施，名重乡里。他们不但不顾明初朝廷关于庶民住宅不得超过三开间的规定，按元修五开间重修，并把楼上修得异常精致，而且将底层前进升至 3.05 米，中进升至 3.3 米，后进升至 3.45 米。他们升高底层，也可能与协调过宽的面阔（17.5 米）有关。不过凭着吴氏的财势，尤其是吴斯能还是位善鼓琴的浪漫文士，具有敢于突破传统的魄力，也是无疑的。

图 5-2 徽州区呈坎村罗光荣宅

有钱有势的吴氏开了个好头——升高后的底层扩大了住宅舒适的空间，它不仅可供堆物，亦可住人，这对缺少建房用地的徽州人乃是一点即通的事。于是进入明代中期以后，升高底层就成了大势所趋。当然，由于意识中的惰性，他们在升高底层的同时，依旧将楼上作为家居的重要活动场所，即将房屋的装饰重点区域依旧放在楼上。如呈坎村的罗光荣宅，是座占地仅 88 平方米的三开间楼屋，它将楼下升高至 3.27 米，在木架上仅有月梁、密栅、丁头拱，而在楼上，仍将明间作厅堂龛，有神 、雕花盘斗、花垫木、喷云状单步梁头等。上下共四步房，楼下房间显然也是用来居住的。呈坎村的罗嗣海宅，是座前后二进的“H”形三开间楼层，可能是因天井太狭，为多采光而将底层升至 3.75

① 参见民国《丰南志》卷三《人物·义行》。

米。底层屋架与罗光荣宅相同，楼上亦有神龛，奇特的是中厅的前后中柱上先置月梁，其上再用一对一斗三升斗拱托住金檩，以保证升高了的屋架有足够的安全系数。

可能由于环境和财力的关系，也有把底层升高后对楼层和底层都不着力修饰的，如吴建华宅和张林福宅。

潜口村的吴建华宅，建于弘治八年（1495 年）前后。底层高 3.47 米，以梭柱和藏花丁头拱表现时代风格；楼厅前的飞来椅仅以长条厚板充当，外靠竖直的天井沿栏板。

张林福宅，位于歙县边陲之地的街口村。此地历史上少有志传留名者。该宅建于明代中期，底层高 3.35 米，梁架上仅有八角盘斗、丁头拱、鹰嘴等构件的做法反映着建筑特色，应为土产商人的住宅。

图 5-3 徽州区潜口村的吴建华宅

对于那些财力宽裕、既有创新意识又不愿抛却传统的人，则将房屋盖的楼层和底层同样的精致。呈坎村建于明嘉靖年间（1522—1566 年）[①] 的罗润坤、

① 关于建造的具体年份的确定，与牌坊和祠堂相比，民居要困难得多。牌坊上一般都有落成的年份，大型祠堂有的在碑记上记下年份，有的可在最早悬挂的匾额上的纪年中得到启示，有的则在宗谱上名人行状中找到依据。而民居建筑，一般没有修建碑记，只有少数能从宗谱或村志中找到线索；三字堂匾，一般不落年份，只有四字颂匾（建功庆寿等）书有年份，它们都在住宅建成之后不久，其时距可供参考。那些巨富之家，如果有子弟中举及第，为了光耀门庭，会及时竖造府第。这样，该府第的建造时间就非常接近中举的年份。再说，古代建房也有个过程：创意之后，一边下墙基，一边上山取木材，一边建窑烧砖瓦；墙基是要经受一季梅雨才能定脚的，木材则需一个冬季的风干，才能定形；土木工程结束，再行装修，尔后刷桐油漆。如此这般，一幢高级住宅从创意到建成使用，没个三四年是不行的。因此，它的完成年份的实体只是数年前创意时的设想形态。在这一过程中，

罗来龙宅，大概是这样住宅的最早的例子。它楼上后进三开间为统一厅堂，用抬梁撑起上架，有堆云状驼峰和单步梁头，还有雕花垫木、丁字拱等，临天井置飞来椅；前进并排四部房，装有暗阁、气窗，实用而舒适。楼下高3.18米，柱头雀替雕作喷头状；临天井相向的四部房，其窗栏、格扇精致异常，显然是主人用房；大门内设第二道门，辟作门厅；天井水池阴砌成须弥座……这应是一户既讲礼制又讲享受的儒商大宅。

由于财力和权势的关系，像罗润坤、罗来龙宅这样上下并重的精美住宅，到万历初年还相继出现，现存的案例是歙县徽城镇的方士载宅、方家村的和乐堂和许村的敦本堂。方士载宅，属大学士许国“阁老宅”的内宅，它既重楼上雕饰，也重视楼下的窗栏装饰，由于前后都有天井，通风、采光皆好，故楼下高3.31米，十分舒适。

图5-4 全国重点文物保护单位——徽州区老屋阁

进士第和乐堂，是一幢个性十足的官僚宅第。进士方爱(1549—1607年)，曾任日照县尹，自感屈才而挂冠归隐，因家财万贯，乃建和乐堂以自娱。和乐堂底层高5.24米，为厅堂，檐下斗拱粲然，轩廊月梁上用驼峰托起花瓶样的童柱，弧形轩椽和小枋都加工成额角；堂前用斗拱挑起藻井；全部木构饰以粉青，华丽悦目。在棚、顶结构上重铺台板、墁砖，另起楼层。其上临天

免不了受到他人的议论，并最终可能影响主人的创意，使建筑风格又或多或少地发生变化。因此，某一幢住宅建造时间所导致的每处细节的“定格”，在整体风格演变的长河中就失去绝对意义，故我们只有从其主要特征上去透视它的价值。

井通间置飞来椅，高窗、椅脚雕成绣球流云；后屏装神龛，其纤巧的梁、柱檐构成一“楼中楼”；彻明造的屋面西坡双层，夏防暑，冬防寒；屏后有雅阁、书房，面对后院花坛。

敦本堂，明初汀州知府许伯升后裔，内外两进。内进为三开间住房，外进为厅堂，底层高 3.90 米，虽然通面阔仅 10.2 米，但还是安排成五开间，四根纵列月梁的中部都用堆云状驼峰托置栌斗，斗拱四出承托十字交叉的上枋，配着月梁上的彩绘，显得华丽异常。楼上三开间，彻明造，临天井的双步梁上，亦有驼峰、斗拱，托起下金檩，而在下金檩与檐檩间，斜置飘云状叉手，甚有动感。后墙上悬一大匾，上书“奋翼南天”四个大字，以表祖功。

显然，上下都加以认真修饰的样式，因有奢侈浪费之嫌，终究为多数精明的徽州人所不取。既然内心已将底层作为家庭生活的重要场所，楼层就自然地失去原先的重要功能和地位，而成为按其本义上的“住宿之处”，其装饰最后也就式微了。人们只将底层着重加以修饰，并使其高度继续上举。以下的例子很能说明问题：

宅名	底层高度（米）	年代	坐落
方文泰宅	3.35	明中后期	徽州区潜口民宅
金汉龙宅	3.60	明中后期	徽州区呈坎
天心堂	3.41—4.05	万历初	歙县瞻淇
罗小明宅	4.06	隆庆、万历间	徽州区呈坎
罗来演宅	4.15	万历	徽州区呈坎
程正兴宅	4.35	明末	徽州区呈坎
燕翼堂宅	4.55	明末	徽州区呈坎
汪 翥 宅	4.78—5.06	崇祯	歙县瞻淇

这八幢住宅的共同之处是楼上已基本不施雕琢，但楼下的布局及雕琢则各有不同。现分别说明如下：

方文泰宅，为一富商住宅。其底层的石磉、窗栏、廊屏和楼上天井栏杆外侧的精雕细琢，使人在楼下大有山阴道上之感。这里应当说明的是，该宅天井栏杆似乎是为楼层而设，但它在结构上处上下层之交接处，该宅栏杆用双层板材制作，内层为平板，在楼上看仅仅是其实用处；外层的雕作，就是供楼下人观赏的。方新宅的天井栏杆，楼上的人只能观赏其“椅背”。后来人们不再重视天井栏杆的雕琢，开始在栏杆上部竖立窗栏、扶手，以满足上、下层的共同需要。

图 5-5 歙县许村大邦伯门坊

金汉龙宅，二进三层，头进三开间统为厅堂，兼作家祠。月梁两端雀替雕成喷云状，梁上横枋下有垫木作花带。花带垫木在明建中一般置于楼上横枋下，该宅将其移至楼下，这在当时的民居建筑中较为少见。盖花带垫木像似“状元花”，将其装饰厅堂，以表房主的一种文化心态。

图 5-6 董其昌题写的天心堂匾

天心堂，是位退休县令的住宅，房主与大学士许国颇有交情，故可请来董其昌为其题写堂匾。天心堂的前进三开间，高 3.41 米，有精致栏杆，中间五开间，高至 4.05 米，中间三间为厅堂，高敞明亮，而且天井沿北侧的飞来椅做得类似方文泰宅，使人一进中门抬头就被它的华丽所吸引。其他三面仅在平板上用细木条做出方格，上部装扶手，显得简朴，对北侧起反衬作用。

罗小明宅，传为罗应鹤故宅。罗应鹤于隆庆五年（1571 年）中进士，在万历时的徽州颇有名声。他把这“进士第”建成三楼五开间，底层明、次间统为厅堂。月梁替木雕成鲤鱼吐水，柱头雕元宝榫，一副富贵双全的气派，而二、三楼却简朴无华。

罗来演宅，该宅楼下的月梁、丁头拱、密栅、天井栏一板一枕，都循规蹈矩。唯有密栅上先铺望砖再铺楼板，做法罕见。不知是否因堂屋常用而加强其防火功能。这大概仅是种“试作”，总不若在楼板上铺墁地砖，既防火，又防楼板磨损，故效仿者稀。

程正兴宅，为三进三层的大宅。头进三开间一统厅堂，月梁下的雀替雕作奔浪形。厅前天井沿有一步通间石阶。这一步阶的设置，乃是房主在礼制上的一种特殊需要——与有文化修养的人交往，有道“登阶”之请，没有这“阶”，这套“礼”就无法演了。徽派民居中厅堂前有这一步阶，始于万历初，如天心堂，此时已为多数人所效仿。当然，这“阶”在建筑结构上也有好处：即使天井降雨，由于有这道阶，上堂就很少沾湿。

燕翼堂，其做法类同于程正兴宅，亦有“阶”。

汪翥宅，其厅堂竟高 5.06 米。汪翥，明万历四十七年（1619 年）武进士，官至辽东副总兵，在松山战斗中以身殉职。武官大人的厅堂当然应该是高敞爽气的。汪翥为官清廉，故他的官厅也仅是上下对堂的三开间，占地面积 135 平方米，无论是大门门罩还是内部木构架上，都较为简朴。

上述住宅，都建于明代后期或末期，其底层厅堂高度多数已在四米以上，即鲁

图 5-7 歙县呈坎村的燕翼堂

班尺的一丈二尺以上，基本上已能满足徽州地区民居建筑环境对底层高度的要求，人在底层很是舒爽，故成了此后三百年中绝大多数民居建筑的普遍高度。不及或超过这个高度的，只能是特殊情况下的例外。

我们可以说，到万历前后，徽州民居大体完成了对干栏式风格布局的摒弃，徽州人已从楼上走到楼下来了。

四、富贵之后民居建筑的变化

明代徽州人要“下楼”，究其原因，一般认为是由于明代中期以后徽商的繁盛。致富以后的徽商把部分资金用在建房上，而宅基地又不够使用，为增加房屋的使用面积和改善住房的舒适程度，除了建三层楼，主要就是升高底层。这当然是不错的。在歙县五十余处明代住宅中，确有八处是三层楼的，占总数的 16%，显然比例不大。为什么徽商及其官宦子弟，不继续着力经营二楼，并以三楼来补充住房的不足呢？如果他们能加宽楼梯、降低楼梯的坡度，在精致的二楼上生活，确实也是很不错的，就像欧洲人那样，家家有个地下室，然后架起多层楼房。但他们要走到“脚踏实地”的楼下来，以满足精神上的一些深层次需求。

干栏式建筑以楼上为家庭内部的主要活动场所。家庭成员平日交际活动主要是至亲好友的相聚，在楼上可不必拘泥礼尚，男女老幼亲密无间，和睦相处。在现存明代中期的民居中，居然有多数的楼上仍保留着或曾有过的神龛。神龛中供奉的一般是祖宗的玉牌，但也有观音、财神或魁星。这就是说，即使在精神生活上，当时的徽州人也是自娱自足的。但到了明代中期以后，徽州社会急剧转型，而外部世界发生了很大变化，无疑也引发了徽州人内心世界的震荡。

成化年间（1465—1487 年）以向边关输送粮米换取盐引的盐政“开中制”已败坏，弘治五年（1492 年），朝廷正式改为“开中折色制”，实行纳银以换取盐引。这一改革使得徽州盐商可以更为方便快捷地周转资金，商业利润得以成倍增长，并使盐商的队伍迅速扩大，以至于徽商掌握的资财在总体上达到“富甲东南”的地步。这种获利颇高的徽商队伍的扩大，限于资料，我们尚无法获得当时徽州盐商确切的人数，但从民国《歙县志·义行》中，仍可见其端倪。据不完全统计，明代近百名有“义行”的歙人（主要是商人），中期以后竟然占 80% 以上。伴随事业的发达，以培养人才为宗旨的教育事业也随之兴起。而教育成果的最集中表现是科举中第人才的大量增加，在明初的百余年中，即从洪武元年至成化四年（1368—1468 年），歙县中进士者共 19 人，平均五年一名；而此后至明末的 170 余年中，竟中了 169 名进士，几乎每年一名，为前期的 5 倍。当然，受过教育的人才并不完全体现在进士名额上，但在那个从进士中选拔官员的体制中，朝廷官员在现实生活中的影响是别人难以企及的。这些官员，由于实践的需要，他们对于忠、孝、礼、义等儒学行为规范是非得遵循的。这种意识，必然会多方面地反映出来，包括在住宅建筑方面。致富的徽商与进入仕途的子弟衣锦荣归之时，便着手建造能体现权势的高敞明亮的厅堂。有的人家只要子弟一中进士，家中便迅速大兴土木，营建所谓的“进士第”。因为在这些进士的家里，钱财大多是非常宽裕的，现在子弟用“八股砖”敲开了进入仕途的大门，“势”之所至，势必要在宅第上显示一下，这是住宅底层务必升高最强有力的社会动力。

徽州人聚族而居，为了生存和发展的需要，必须要加强宗族内部的整合，以达到和气团结的目的。“人在世上，要一团和气，四海之内皆兄弟也，而况宗族一脉，安可不睦？”[①]促使这种团结的手段，便是对始祖或宗族史上精英进行祭祀和崇拜，于是始于汉代的祠堂建筑在徽州就开始得到宗族精英人物的重视而呈长盛不衰之势。“盖宗祠之建所以妥先灵而萃涣，故自始祖以下咸祀无祧者，水木本源之心也。有事于庙，则群昭群穆咸在而不失其伦焉。若不建不修，则冠婚丧祭之礼无自而行，同派连枝之属无地以会。吾宗族属当以此为首务。”[②]而伴随宗族人口的不断增加和支脉的繁衍增多，各支脉在社会上的成就亦各有差异。于是，为各显其能和管理使用上的方便，

① 光绪《梁安高氏宗谱》卷十一《祖训》。
② 宣统《华阳邵氏宗谱》卷十七《家规》。

徽州出现了各种类型的祠堂建造，其中既有宗祠、总祠、统宗祠，也有支祠、家祠、家庙甚至香火堂的营建。特别是在嘉靖皇帝采纳夏言关于“许民间皆得联宗立庙”之后，徽州人在雄厚的财力支持下，对建祠就更加热心。就家祠来说，它往往和住宅不分，原先一些民居的楼上都装置了摆放祖、曾祖、太祖三代祖宗的牌位，而且也把梁架做得像祠堂一样美观，以便隆重地举行家祭。但是如果把楼下盖得高于“传统”的高度，在中厅屏壁前置放条案、八仙桌、靠背椅，在过年时将彩绘的三代祖宗容像一挂，在外人看来那气派就不是楼上厅所能体现的了。而即使是家祠，五袱内分居了的族众（本家），还是要来参拜的，此时如果老老少少都爬楼梯拥到楼上厅，就没有在楼下厅进门上阶，然后长幼有序地跪拜叩头来得庄重而煞有介事。如此这般，这楼下厅就在宗法体制的要求下越发显得重要。到了万历年间，还出现了挂堂匾和楹联的情况，如瞻淇的“天心堂”，万家村的“和乐堂”，这堂匾和楹联能挂到楼上吗？至于平时，堂匾之下还可挂山水中堂、名人联对，厅堂就更堂而皇之了。如果子弟中举，那锣声噹噹中送来的“报单”，也是要贴到中堂屏壁上向人炫耀的，于是这厅堂势必要高敞明亮。到了清代，这高度竟以人坐到八仙桌能看到天井上的天空为准，这既为满足“礼”的需要，也体现着“天人合一”理念体现。

图 5-8　号称“金銮殿”的徽州区潜口汪氏金紫祠

在儒家思想体系中，“礼”的作用很大，“以奉宗庙则敬，以入朝廷则贵贱有位，以处室家则父子亲、兄弟和，以处乡里则长幼有序”[①]。“足以正身安国”[②]，是修身、治国、平天下的根本出发点，所以已经入仕或打算入仕的人，在待人接物时，是不敢越“礼”的雷池的。而在家居情况下，对人施礼，又要尽可能具备外在条件。如贵宾来，要“四门大开”，这“四门”即大门内装着四块门扇的中门；要“三请三让”，才能“登阶入室”，这“阶”就是堂前天井边的那步石阶（在干栏式建筑中，是没有这阶的，如老屋阁、苏雪痕宅等）；寒暄、施礼、坐落、敬茶之后，如果关系非同一般，或宾主须作密谈，则“入室”，即到厅堂背后的内厅去。那些告老的官宦或满腹经纶的学者，社交中“谈笑有鸿儒，往来无白丁”，就在这“礼”的规范下，完成拜谒、请托，或谈玄、切磋等事宜。而这“入门”“登阶”“入室”等礼仪，都只能在楼下厅进行，这就对房屋建筑的样式和高度提出了相应的要求。有文化的官宦士人这样做了，有钱的商人也会想方设法这样做，况且他们与士人的关系有时是彼此互动、互相转化的。

在中国人的传统观念里，“地面间”和“楼上间”的意识价值也是很有分别的。见多识广的徽州人都知道，从宫廷到各级衙门，从宗祠到寺庙，一切活动都是在“地面间”进行的。所谓“天、地、人三才图会”“顶天立地”“祭拜天地”“脚踏实地”等无不表示着“地”的重要。退一步说，有“地面间”就意味着对土地的占有，再美轮美奂的楼层都代替不了“地面间”的产权价值。况且，在封建社会后期的意识形态中，楼层还有一种隐秘屈尊的“地位”，如在民居中，有所谓的“小姐楼”，是用来藏匿待嫁的姑娘的；“藏书楼”，究竟收藏了什么奇书异宝，是不可轻易向外人道及的。康熙皇帝关于欧洲楼房建筑的评估，很能说明中国人当时对楼房住宅的一种心态：“欧洲一定又小又穷，因为他没有足够的地方来发展城市，因为人们不得不住在半空中。”[③]徽州人因没有足够的地方建造住宅，当然也可以向空中建楼房，但为融入主流社会和从经济上考虑，也必然十分重视底层的功能和价值。

①《礼记》第二十六篇《经解》，载《周礼仪礼礼记》，岳麓书社 1989 年版，第 479 页。
②《礼记》第四十五篇《乡饮酒义》，载《周礼仪礼礼记》，岳麓书社 1989 年版，第 540 页。
③朱静编译：《洋教士看中国朝廷》，上海人民出版社 1996 年版，第 197 页。

将底层升高，作为家庭生活的重要场所，当然还有别的意思。如年老体衰的人，都愿住在楼下，免得爬楼梯；还可以在天井上莳花养鱼，怡情养性，其乐融融。对于那些青壮年男子经年在外的家庭，老者在家里是会起到不可替代的保安、留守作用的。再说，有个诗画满墙的厅堂，对于家庭教育也会起到潜移默化的作用。孔子对儿子鲤进行庭训，是每个读书人都知道的经典故事。这个“庭训”，在上有天、下有地的天井边进行效果就不同一般。

徽州明代居所的这个“变”的过程，实质上也是通过个人努力而使事业有成的人的生存意识在实践中的另一种自我完成过程。虽然这个过程及其直观成果脱离不了时代的樊篱，但究竟还是尽可能按照个人的条件和愿望，美轮美奂地干了起来。[①] 人格价值取向，在徽商身上尤其有它深刻的内涵。就以“礼”来说，上古时就提倡“礼不下庶人”，而商人不但是“庶人”，而且在“轻商”观念的支配下，还在人格上受慢待。徽商们在有了钱之后，居然可以在家居中以“礼”来善待自己了，这不能不说是一种要求人格平等的市民意识的表现。

五、楼下厅的若干问题

上面主要从升高底层这一点阐述了徽派民居在格局上及其使用功能的重大变化。这种变化乃是儒商文化对农耕文化在建筑上的一项重大改造。但仅仅有底层的升高还不能体现民居建筑质量上的全面提高或改善。这个提高或改善，既是在部分构件和装饰上的艺术化处理，也是明代优秀建筑给予我们的启迪。在明代的“楼上厅”中，它的质量体现在彻明造的上架和天井栏杆的艺术化上。那“楼下厅”呢？在明末虽已有所探索，但还不成熟。这个任

① 关于保持传统与师传的关系，一般来说，师傅的技艺作为一种“商品”存在，取决于“市场”的需求。我们不能否定古代匠人在某一行业中的创造性才华，但作为能综合体现一时代工艺水平的民居建筑，其价值还是决定于房主的个人能力、素养和爱好。

务本应在进入清代后持续进行，但由于政治上的原因，这个完成过程竟然非常缓慢。

徽商在明末清初受到了重创。只是因为明代徽商的活动地域较广，也有在战乱中未受蹂躏而硕果仅存的，他们尚为徽商的恢复保留了必要的资本。当然，主要的还是清朝前期在盐政上沿用了明朝的制度，才使得徽商在经历改朝换代的短暂挫折后得以重振旗鼓，至乾隆时能基本恢复旧观。据民国《歙县志》，在清代，有“义行”者共 374 人：其中雍正以前九十年中 73 人，占 20%；乾隆到嘉庆的八十五年间 235 人，占 63%；道光以后九十年里 66 人，占 18%。这很能说明徽商事业在清代的盛衰起伏。而这些当然也在民居建筑上不可避免地反映出来。在清初，这种反映突出地表现为两点：一是与前后相比，此时建筑业总体上处于低潮；二是可考证属于此阶段的居民建筑，在艺术化上大体比较简约，当然，就建筑风格本身的特征上，它还有个“承前启后”的表现。为说明种种复杂因素，我们且考察几处实例。

位于歙县瞻淇村的京兆第，又名“立仁堂”，始建主人在清初曾代理过数月京兆尹。府第占地约 250 平方米，门面为二柱三楼砌门坊，省去次间二边柱。这种“减柱”门坊实为罕见，似在表示他的“代理”身份。明间檐下用四只雕花梁托，而次间檐下却用一斗三升砖质斗拱，甚不协调。屋内楼下临天井的窗栏板和楼上天井沿置于栏板之上的花栏杆，虽然有着明代的风格，但远不如明代高级者精细，应透雕如意卷草的华板竟是一块平板。天井两厢是砖砌矮墙上装四扇格子屏，这种样式为明代罕见，似仿自京都做法，却为清代前期普遍的做法开了先河。该宅没有月梁，故无梁驼、雀替等可加雕琢的构件。作为府第，是很有点“自谦”风味的。

歙县徽城镇斗山街 34 号，名“惠迪堂”，属富商许氏家族的大宅。而阔 11.4 米，入深 35 米。宅前街道全用青条石铺砌，城里的人由此称此段街区为“青石板”。砖雕门罩，上下梁作对应的梯形包袱锦，但上梁为水浪纹，下梁为葵花纹，亦不协调。门柱下有上马石，以显示其在商界的地位。进门为祠厅，三开间，下堂有门厅、两厢，天井两边为廊，上堂一统，轩廊由一根通长月梁架起下檐，为明代所少见。明间纵列一对月梁托起槅栅，上起楼层，其雀替、梁托细雕曲屈纹，天井四角檐枋下的斜梁撑上亦雕曲屈纹。门厅檐下有一对木狮。内宅高敞，檐下用单拱承托撩檐枋。后面有一漏窗，厚砖砌筑，显得粗犷。可说整套住宅在装饰上的风格是不统一的。

位于歙县棠樾村的毕顺生宅，平面凹字形三开间楼屋，占地 71.5 平方米。大门开在左廊，门罩仅用三层青砖叠涩挑出。天井靠北墙，右廊为楼梯间，屋架不施雕饰；窗栏保持明代风格，但欠精致，长窗与天井沿的“琴台”栏板则与明代迥然不同。这些装饰总体风格简朴，甚少曲线图案，尚协调耐看，这竟是清代前期多数平民住宅的普遍做法。

上述三宅，显然都在继承明代做法的情况下有所探索创新，但给人总的印象是缺乏统一的风格和艺术处理，故清初的民居建筑甚少有令人特别称道者。

如果说建筑设计能反映人们一种特定的心态，那么在清初，徽州人的心态只能是错综复杂的。他们在明代是富于进取精神的，且成就颇丰。入清以后，由于正统观念的根深蒂固，他们对满族入主中原及“扬州十日”、勒令雉发等事件耿耿于怀，朝廷官员的满汉不等及屡次文字狱，更另有深厚文化根底的徽州人对前途不抱太大的信心和热情。但清初在吏治改革、减轻民赋、恢复生产等方面又作出了有目共睹的成绩，令徽州人不能不佩服。这种矛盾的心态终究酿成了一种苟且将就的心理，它在建筑上的表现，就是告别明代的建筑风格之后，变为对住宅内部装饰艺术的漠视。且举二例：

位于歙县瞻淇村的宁远堂，三进三开间楼屋，占地约 208 平方米，堂匾系康熙六十年（1721 年）进士劭泰题写。劭泰侨居吴，时吴中匾额多出泰手。由此推知，宅主时在苏州经商。出于爱面子的心理，该宅的锦纹砖雕门罩在当时还颇合时尚的。但屋内的装修少意趣，中堂的细雕云纹的雀替和梁驼既无明代的气势，亦无后来者的生动，两厢长窗及住房的窗扇，仅是柳条格，其细不若明代者甚远。天井沿栏板上部的栏杆，其小框内透雕成的如意图形，是在小平板上用钢锯直拉成后，再在边沿阴刻边线，粗放得难以置信。堂名“宁远”，书卷气十足，而其住宅装修如此，不知房主当时内心作何“远虑”。

歙县徽城镇大北街 34 号为吴氏故宅，门前有座高大的石牌坊。吴氏系明末清初徽商巨富，大北街中段近六十米朝西店面都为其所有。为炫耀门厅，乃为其祖母立坊。一般石坊都跨街而立，而吴氏特地将大宅前临地面缩进二丈许，在空场中竖一座灰凝石质的三楼四柱“含贞蕴粹”大牌坊，坊上纪年为“雍正十二题，乾隆十一年立”。梁、柱上的同心结图案深雕得璀璨显目。坊后为住宅大门，“黟县青”的门梁门柱，色深光洁，反衬着石坊的青绿。门罩亦三间三楼，团花砖雕，其图案和色调都与石坊相协调。显然这都是在得到朝廷的建坊批文后统一规划布局的结果，其外观不能不说是气派十足。可是进了大门，其木构装饰却简易得令人心寒，除天井栏板外侧的粗俗曲屈纹制作，就再看不到其他的精雕细作了。

从这两幢民居看，木作上能表现明代风格的斗拱不见了；住宅内部的装饰总体上是一种勉强将就。直到乾隆中、后期，才形成一种简朴而雅致、精细而疏朗的作风，一直延续到嘉道年间。建于乾隆中早期的渔梁街23-4号的宜振堂，建于乾隆三十二年（1767年）的郑村南园瞻麓堂（为喉科名医郑梅涧宅院），建于乾隆四十六（1781年）的郑村爱竹轩（元末名士郑师山后裔所建），建于乾隆末年的郑村“和义堂”（著名学者汪梧凤之孙、当铺商汪为炳建），乃至建于嘉庆朝的棠樾大盐商鲍氏住宅群，无不体现着这种风格。当然，它们的砖雕门罩一般都很精致，但内容缺乏创新。

为什么在克服了政治上强烈的不平衡心态，而又在经济上恢复旧观的徽商们，却在生活上不能崇尚简朴呢？在一些史籍中，如《扬州画舫录》《寄园寄所寄》《太函集》等，都披露着徽商在发迹后的私生活如何奢侈靡费，其中重要的一项即表现在住宅、园林的营建上。但稍加注意就可得知，这些奢侈现象主要是发生在明代，相比之下，清代徽商故里的表现就不能不令人深思了——是政治上得“韬晦”吗？太牵强，实际还是出于经济上的原因。清代的徽商们最为尴尬的一件事，就是面对朝廷的屡次高额捐输。据嘉庆《两淮盐法志》记载，自康熙十年至嘉庆九年（1671—1804年）的一百三十多年中，朝廷以捐输的名义，从两淮盐商（主要是徽商）身上取走白银3930万2196两，米21500石，谷320460石，其中760万两白银是供乾隆皇帝南巡和太后万寿花销的，结果有的盐商因此被压垮了。清代大盐商如江春等在扬州大肆营造寝宫，其目的是恭请乾隆皇帝驻跸，以抬高自己的身价，虽然自愿实为被动，成了事业上的一项高额费用，终究是资本的一种浪费。乾隆时的徽商对社会公益和慈善事业等“义行”十分热心，举凡地方架桥、修路、办学、救赈，他们大都慷慨解囊，乐此不疲。这种现象的出现，实际上与徽商的心态相关，即与其积余被皇帝和官府掠去，不如在家乡做些人情，有朝一日退养还乡，也有个和谐无间的人际环境。这大概是明末以来徽商在诸多曲折中获得的最大精神收益。[①]

六、清末徽州民居的变化

在嘉庆朝已处风雨飘摇中的徽州盐商们，道光五年（1825年）的盐政改革，使他们彻底失去了在商界的优势地位，从此一蹶不振。嗣后等支撑徽商门面的，就只有茶商和木材商。1840年的第一次鸦片战争，给徽商的茶商们带来了新的商机。外国资本主义用舰炮轰开的通商口岸，进口的是大量的鸦片和洋布、洋钉，出口的就只有丝绸、茶叶等。于是原先在徽商中居次位的茶商们就跻身到上海洋货行去，卖出茶叶，换来洋货，又在内地开起"南北杂货"来了，其中也不乏发了"洋财"者。这种新时期的茶商与传统的盐商不同之处是：盐商依赖的是朝廷，平日接触的多是朝廷命官；做外销茶叶的茶商依赖的是洋商，关键时打交道的是令人大开眼界的洋人。洋人的享乐风尚不能不影响茶商们，在战败后的朝廷放松思想意识统治的情况下，茶商们的享乐意识萌发了，而这居然也迅速地在住宅建筑上反映出来。

歙县有两幢高级住宅，据传都完工于道光末年，或太平军到达歙县（1855年）的前夕。一幢是瞻淇村的承荫堂，它的创新之处是"格扇门"上部不再是以直条格为主，而是尽可能镶入曲线图案，将曲屈纹细化为缠枝样；中部"中夹堂板"上雕戏曲人物故事；下部"裙板"上亦浅雕曲屈纹的镜框。而临天井的隔间上部不再是斜装的小方格，而大胆使用竖直条格，显得大方而爽气，

①比起朝廷的捐输，徽商们在故里的"义行"中的开支还是有限的。雍正年间，项宪修郡学，费万缗；同时期汪应庚建府、县学宫，出银52000两；乾隆二十九年（1764年）汪徽治建扬之水的桂林桥，费万金；乾隆四十四年（1779年），田人建丰乐水上的普济桥，用银9077两；乾隆五十三年（1788年），重修渔梁坝前的禹王台，用银630两；乾隆末，重修古紫阳书院，用银3000两，为支持书院经常性开支，每岁徽商捐银3720两……相比之下，徽商利润的主要去向是十分清晰的。

窗栏板上也是人物众多的戏剧场面，细腻而生动。所有戏曲人物，都是明代仕宦衣冠，显示着传统意识顽强的生命力。一是斗山街 37 号的许家宅，它在装饰上亦有创新。大门罩上的砖雕，一改以往的团花、百寿图案，而是一幅以人物为主体的“行乐图”：在有小桥流水碧树繁花亭阁楼台的庭园中，一群头戴乌纱、身着宽袍的汉官门，或弹琴、或弈棋、或评书画，还有刚进院门匆匆的后来者……大厅通后进的左右侧垂花门，在曲屈纹中夹以缠枝花卉，中部留长方框可装玻璃或画帛；内宅的房窗，风格类似。而上部的隔间框内，则装置直条，简洁明快。柱头的斜撑，在传统的曲屈形上，蒙以生动的缠枝花卉，极富写实性。若与乾隆盛事的装饰情况相比较，在审美趣味上是迥然不同的。但这种变化因太平天国运动的起伏而暂告中止。太平军与清军作战的战区遍及徽商的主要活动地区。由于战乱，长江中下游一度人口锐减，经济衰退。徽商的故里也曾烽烟四起，原先一些富有的村镇竟大半夷为瓦砾，从而在咸丰、同治及光绪初的二三十年间，几乎未有像样的新民居出现。只是在经过几十年的惨淡经营之后，“茶商木客”和洋货商们才有所节余，开始营建肇始于道光年间的装饰华丽的私宅。他们不但将传统的砖、木雕艺术推上极致，而且有的还不失时机地用上了时髦的建筑装修材料，如玻璃、陶瓷、铅皮乃至钢材、水泥等。这种趋向一直延续到民国中期，抗日战争前夕。我们不妨举例如下：

图 5-9 黟县南屏小洋楼

图 5-10 承荫堂牌匾

建筑年代	坐落	宅名
光绪二十一年（1895 年）	歙县徽城镇	师善堂
光绪二十五年（1899 年）	歙县棠樾村	从心堂
光绪三十一年（1905 年）	歙县徽城镇	汪中怡宅
民国初年	歙县瞻淇村	存厚宅
民国初年	歙县雄村	曹映川宅
20 世纪 20 年代	歙县瞻淇村	居然就宅
20 世纪 20 年代	歙县瞻淇村	方金荣宅
20 世纪 20 年代	歙县上丰乡蕃村	鲍氏建筑群
20 世纪 30 年代	歙县徽城打箍井村	曹氏二宅
20 世纪 30 年代	歙县许村镇	许世达宅
1934 年	歙县北岸镇显村	世华堂
20 世纪 30 年代	歙县渔梁村	师政堂

图 5-11 歙县瞻淇古民居

另外，霞坑镇的洪琴、鸿飞二村，民国期间在外经商的村民，竟像互相攀比一样，鳞次栉比地修建起“三雕”精美的民居，使整个村落宛如建筑艺术迷宫。

上述民宅显然不能包括同时期县内全部优秀建筑，但从其雕作风格，我们可大致看出新时期徽派民居在装饰艺术方面已经达到的水平——仅就技艺上讲，说它是世界上独领风骚也不为过。它们的共同特征是：

门罩砖雕细腻生动，其中心内容多系立体的戏曲人物场景。哪怕是清朝的举人鲍鸿，也在其从心堂门罩中部雕上《风云际会图》。出现的是明代的

"汉官"形象。画面人物最多的有北岸吴应荣宅的《群英会》、瞻淇某户的《四世同堂》、鲍家庄某宅的《百子婴戏图》等，它们的外框都配以锦纹图案或通廊的倒挂眉子，真是美不胜收。许村镇六博士的祖宅，门罩画面上竟有算盘大的灯笼，能旋转自如，雕作得精巧，令人叹为观止。

窗扇、槅屏上部不是柳条格，而是在曲屈纹的底架上夹以缠枝花卉，中心布以十二月明花、"暗八仙"、古礼器等，如徽州斗山街的师善堂。有的窗格板不再要求透光，而是当作一块画板，半立体地雕上戏曲场景或松、竹、梅、兰等寓意高洁的嘉木名花。如瞻淇的"两汪宅"、斗山街的潘婉香宅等。这种版画花卉，我们似可以从《芥子园画谱》上看到其稿本。

柱头斜撑，它的结构功能完全蜕变为装饰艺作。多数立雕"倒狮"，也有雕"八仙""寿星""渔翁得利""刘海戏金蟾"等图案。歙县博物馆收藏的"苍松""葡萄"二件，其精美世所罕见。

徽派石雕艺术，在民居建筑上的体现欠突出，大概是因石磉"地位"低下，难以引人关注的缘故。但也有不愿放弃任何一种"显山露水"机会的宅主，把他的大门石磉雕得精致耐看，如打箍井街的"曹氏二宅"和北岸镇的吴应荣宅。吴宅大门左磉雕"四马图"，右磉雕"六鹿图"，配合着门檐下的砖雕"群英会"，大门前照墙上的"鸿禧"雕牌，给人以富丽之感。徽派石雕艺术只充分体现在石牌坊和祠宇建筑的石栏板上，那都是不用低头就能看到的。

在试用新材料方面，瞻淇村的存厚堂和存省轩，居然用青绿釉花瓷砖砌花园漏窗。可能是这种材料在质感上与青砖、小瓦不协调，步其后者竟寥寥。但存厚堂的玻璃门窗开了好头，后来居上者则有"居然旧宅"等。在使用钢材、水泥方面，渔梁街的师政堂作了个有益的探索：它在大门两侧开了两个大窗，窗栅是六根直径为 12 厘米的钢筋，窗框用的水泥批抹，窗檐也是用水泥制作的人字形。青灰色的水泥与大门门墙的青砖在色调上甚为协调，故后来如法炮制者甚多。斗山街 42 号的许厚仁宅，不但外窗的做法同师政堂，内窗也全用玻璃扇，而且楼上天井栏杆用的是在车床上加工而成的套瓶花柱，而这是现代木工的加工技术。当然，上述建筑在风格上仍是徽派的：外观二层楼，马头墙，小青瓦，砖雕门罩；内立三开间，小天井，上下对堂。斗山街44号的洋房，不但门框用水泥“拉毛”制作，窗栅用小扁钢绞焊出花纹图案，而且平房屋架用上了人字架，吊顶批灰，已是“洋派”十足了。它完成于建国前夕，预示着民居建筑一个新时期的来临。

明代中期以来的五百多年的徽派民居建筑史，可说是从一个局部形象地反映了以徽商活动的成败得失为代表的同时期中国商业文明的起伏跌宕。这显然是一个“变”的过程，影响、促使着这个“变”的直接的决定性因素，是朝廷（国家）的有关政策和专制统治者的意志。对于商人，“变”的直接结果即是个人可支配的利润的多寡，以及由此决定的个人心理状态。这反映在民居建筑上，则是风格的变化。而一切环境的、传统的、思想意识的、技术条件的和个人需求的种种方面，则在这风格的变化中各分“一杯羹”。

徽派民居风格的变化，最重大的是两次：一是明代后期“楼上厅”转变为“楼下厅”。这一布局的重大变化，是出于功能上的需求，是商人、文士对社会需求的一种适应性行为。二是清代后期装饰艺术的细化，在满足住宅的安全系数、功能需求的条件下，尽量满足个人在家庭生活中的舒适感和追求享受的欲望。两次变化的这种不尽相同的内因，从人本位的角度上，都是对生存的一种执着的追求。在这一点上，我们丝毫感觉不到徽商们内心世界的保守。

作为历史现象或产物的徽派民居，它的存在和变化也是有着终极性的。当新的建筑材料和施工方式普遍推广的时候，当新的生活方式强有力地左右着人的命运的时候，民居的外观和内部结构以及装饰样式必然大变。现在人们为了保持建筑物的民族传统特性，也就只能是保留徽派的马头墙和内部的少许隔屏了。

徽派民居作为民族文化和文明的载体，它的全部内涵绝不是本书所能一一涉及的，它的“合理的内核”更有待人们作深入的发掘。它的那些硕果仅存的建筑，其文化价值将被越来越多的人所领会。

图 5-12 徽州区唐模的檀干园

图 5-13 徽州传统商人住宅建筑上的砖雕

图 5-14 徽州传统商人住宅建筑上的石雕

图 5-15 徽州传统商人住宅建筑上的木雕

第六章

徽州古祠堂的营建理念与实践研究

祠堂是宗族祭祖、议事、管理和进行其他宗族活动的场所，也是徽州族权的象征。作为徽州建筑中最具特色的公共建筑之一，徽州的祠堂在村落整体中处于核心的地位，是聚族而居的徽州宗族的“圣殿”，是村落和宗族的精神寄托之所在，“祠，祖宗神灵所依；墓，祖宗体魄所藏。子孙思祖宗不可见，见所依所藏之处，即如见祖宗一般”[①]。

一、徽州祠堂概述

徽州是一个名副其实的祠堂之乡。

鳞次栉比、宗族聚居的徽州传统村落中，座座飞檐翘角的祠堂宛如一道靓丽的风景线，镶嵌在徽州广阔的村落空间。清代徽州盐商后代、歙县岑山渡人程且硕在一篇从扬州返乡的日记中这样写道：“徽俗，士夫巨室多处一乡，每一村落，聚族而居，不杂他姓。其间，社则有屋，宗则有祠，支派有谱，源流难以混淆。”[②]千余年来，在徽州这样一个聚族而居的宗族社会中，宗族为了团结族人，不仅在经济上广辟族田，而且还在精神和心理上，以建立和拓展祖先魂魄所藏的祠堂为纽带，增强宗族血缘的向心力和凝聚力。正是“相逢何需通姓名，但问高居何处村”，徽州的祠堂就是在这样一个大背景下开始大规模地被兴建起来。历史上，徽州曾经在祠堂兴建最盛的明清时代，建造了六千余座各式各类的宗族祠堂。

① 万历《休宁范氏族谱·谱祠·林塘宗规》。
② [清] 程庭：《春帆纪程》，载《小方壶斋舆地丛钞》，杭州古籍书店 1985 年版。

在徽州某一村庄里，祠堂往往不止一处，它们分别有宗祠、支祠、家祠之分。非同姓聚居的村庄里，多姓祠堂并存的局面在徽州也较为普遍，典型者如黟县的南屏，叶姓、程姓祠堂并存不悖。只是大姓和小姓略有区别而已，歙县上丰蕃村，既有富丽堂皇的鲍氏宗祠，也有规模较小的许氏家庙。在绩溪，大姓宗族聚居村庄，除有大姓宗祠之外，还有小姓设立的所谓香火堂。正如乾隆《绩溪县志》云：“邑中大姓，有宗祠、有香火堂，岁时伏腊、生忌、荐新，皆在香火堂。宗祠礼较严肃，春分、冬至，鸠宗合祭，盖报族功、洽宗盟，有萃涣之义焉。宗祠立有家法，旌别淑慝，凡乱宗、渎伦、奸恶，事迹显著者，皆摈斥不许入祠。至小族，则有香火堂无宗祠。故邑俗宗祠最重。”[1]

图 6-1 清代雍正年间歙县潭渡黄氏宗族的大宗祠图

在明代嘉靖年间程昌编撰、记录徽州祁门县善和宗族组织管理和地租赋税征收的典籍文献《窦山公家议》一书中，我们发现，每逢重大节日，善和程氏宗族，全体成员都要不分长幼，在族长的指挥下，齐集“崇恩堂”的程氏宗族祠堂里，祭祀祖先，并聆听族长的教诲，庄严肃穆地向祖宗的容像和灵位跪拜，以期获得祖先的庇荫和施舍。现已破败不堪的崇恩堂前，大门左右一对石狮尽管历经数百年沧桑，风化严重，但在数十株木质圆柱撑起的门庭、享堂和寝堂前后三进祠堂中，依然显得阴森庄严。

图 6-2 祁门县六都村程氏宗族支祠——承恩堂

据不完全统计，在徽州六县中，现存的各类祠堂尚有近

① 乾隆《绩溪县志》卷一《方舆志 · 风俗》。

三百座之多。在这些林林总总的各类祠堂中，其中规模最大的几座有歙县郑村的郑氏宗祠、徽州区潜口的汪氏金紫祠和呈坎的罗东舒祠，以及婺源黄村的百柱宗祠和绩溪的龙川胡氏宗祠。被誉为“江南第一祠”的呈坎村中的罗东舒祠始建于明代嘉靖年间，前后历时七十余年方才最后竣工，它系罗氏子孙为祭祀宋元之际隐士罗东舒而建的家庙。该祠堂整体上是按照山东曲阜孔庙的格局兴建，祠堂共四进四院，且一进比一进高。通面阔达 26~30 米，总长达 79 米，建筑面积达 2000 余平方米，占地 4.5 亩。整个建筑包括照壁、棂星门、左右碑亭、仪门、两庑、拜台、享堂、后寝等。结构上轴线对称、布局十分严谨，石雕、木雕、砖雕和彩绘，都精美绝伦。祠堂大院面积达 4000 余平方米，前阶檐石是用长 6 米、宽 1 米、厚 15 厘米的花岗岩石铺成，这一结构和规模在江南地区是极为罕见的。一株拥有四百多年树龄的桂花树依然枝繁叶茂、花香四溢，有“江南第一桂”的美誉。祠堂内的石栏板上，装饰有 64 块精美的青石浮雕，画面内容无一雷同。正梁上高悬的明代书法家董其昌手书的“彝伦攸叙”巨匾，长 5.8 米，高 2.5 米，庄严肃穆。祠堂内气势最为恢弘的部分要数后寝的宝纶阁了，宝纶阁是整个祠堂的精华部分，相传主持续建罗东舒祠的罗应鹤，明万历间曾任监察御使和大理寺丞等职，深得明神宗宠信。罗应鹤“盖之以阁用藏历代恩纶”，故名“宝纶阁”。宝纶阁由三个三开间构成，加上两头的楼梯间，共十一开间，吴士鸿手书的“宝纶阁”匾额高悬楼檐。天井与楼宇间由黟县青石板栏杆相隔，石栏板上饰有花草、几何图案浮雕。三道台阶扶栏的望柱头上均饰以浮雕石狮。台阶上十根面向内凹成弧形的石柱屹立前沿，数十根圆柱拱立其后，架起纵横交错的月梁。圆穹形的屋面和飞扬的檐角，梁柱之间的盘斗云朵雕、镂空的梁头替木和童柱、荷花托木雕，令人眼花缭乱，而又美不胜收。横梁上彩绘图案优美、色彩绚丽，虽历四百多年，至今仍鲜艳夺目。罗东舒祠规模

图 6-3 徽州区呈坎村的罗东舒祠仪门

宏大，气势宏伟，技艺精湛，风格独特，整个建筑融古、雅、美、大于一体，具有很高的艺术观赏价值，为徽派建筑的典范。

位于今绩溪县城东偏北约 8 千米左右的龙川胡氏宗祠。这座祠堂系明代兵部尚书胡宗宪于嘉靖四十一年（1562 年）所建，以后历经多次重修，其中清末光绪二十四年（1898 年）最后一次重修，基本上奠定了今日的规模。该祠堂位于登源河与龙川河的交汇处，坐北面南，砖木结构，共三进七开间，整座祠堂分别由照壁、泮池、平台、门楼、天井、廊庑、祭堂、厢房、寝堂和特祭祠等十大部分组成。祠堂纵深 84 米，宽 24 米，建筑总面积达 1570 平方米。祠堂由前至后，高度依次递增。龙川胡氏宗祠的照壁跨龙川河而立，祠堂门楼是徽派建筑中典型的五凤楼式结构。楼顶十个翼角，对称谨严，如五对展翅而飞的凤凰，这种类型的建筑一般称为“五凤楼”。五凤楼式的祠堂门楼建筑，在徽州具有一定代表性和普遍性。龙川胡氏宗祠的仪门上彩绘有秦叔宝和尉迟恭两个门神，仪门两侧石鼓相对，并有一对石狮蹲峙拱卫。门楼与正厅之间和左右两廊庑相连，门楼、正厅和廊庑构成了面积近 200 平方米的天井。正厅即享堂系龙川胡氏宗祠的主体，是旧时胡氏宗族祭祀祖先

图 6-4 绩溪县瀛洲章氏宗祠

和议决族中大事的场所。它由 48 根立柱和 54 根梁枋构成，正厅祭龛前一排 22 扇隔扇门裙板，全系木雕组成，千姿百态的鹿雕图案，栩栩如生。至于各种荷花和百花瓶图案的木质浮雕，则更是形态逼真，水底游鱼、天高翔鸟、碧波戏鸭、鸳鸯交颈和青蛙捕食等形象，活脱脱宛若一幅幅动人的山水画。此外，龙川胡氏宗祠的雀替、斜撑、斗拱、梁托和浮驮等部件也都雕刻精美。由于木雕图案精美奢华，集各种木雕艺术为一体，故龙川胡氏宗祠又被古建筑学家誉为“中国木雕建筑博物馆”。

除两处全国重点文物保护单位之外，徽州地区还有大量被列入全国重点文物保护单位的祠堂，如歙县郑村的郑氏宗祠、北岸吴氏宗祠、婺源以黄村经义堂和汪口俞氏宗祠为代表的古祠堂群等。

图 6-5 歙县北岸吴氏宗祠和大阜潘氏宗祠

在徽州一府六县中，徽州府治歙县包括祠堂在内的各种地面文化遗存应当说是最为丰富的。从歙县徽城镇乘车东行约 10 千米，便有两处分别列为安徽省和全国重点文物保护单位即大阜的潘氏宗祠和北岸的吴氏宗祠，两座祠堂各有千秋。潘氏宗祠建于明万历十三年（1585 年），清同治年间重修。其结构为三进五凤楼式建筑，两侧八字墙上以细腻的砖雕为装饰，中进五开间，大厅梁柱粗硕，雀替、平盘斗拱等处雕刻有百骏图，俗称《百马图》，月梁上悬有历代名人题写的匾额。后进高出地面一米有余，七开间，青石檐柱。该祠气势壮观，雕饰精美。距潘氏宗祠东约两千米的北岸村不仅以著名的绵溪廊桥享誉遐迩，而且木石雕刻精致的吴氏宗祠也驰名远近。这座建于清朝道光六年（1826 年）的吴氏宗祠位于北岸村口，其凌翼翘角的五凤楼气势非凡，

图 6-6 歙县昌溪吴氏宗族员公支祠及支祠前木牌坊

大门两旁的石狮怒目以视。该祠八字墙的须弥座石刻与祠檐下砖雕、博缝板木雕，都极尽华美。中进台面高出前进达 2 米之多，石雕栏板上的百鹿图造型生动、憨态可掬。

歙县昌溪的木牌坊背后的吴氏宗族员公支祠，是徽州地区又一座具有代表性的祠堂。本来，徽州的木牌坊能够保存下来的大概已不足一二，而以门枋即棂星门的建筑形式出现的祠堂，在徽州目前已所剩无几。当然，木牌坊门面的祠堂，徽州也许只有歙县的昌溪保存了下来。但是，以石质牌坊为祠堂门枋的牌坊，在徽州还是有两处，他们分别是歙县郑村的郑氏宗祠和徽州区潜口的汪氏金紫祠牌坊，就是徽州仅有的两处祠堂的门枋了。如今的郑村郑氏宗祠以及祠坊、潜口的汪氏金紫祠以及坐落在田地中的金紫祠牌坊皆已修葺一新。在被誉为“金銮殿”的汪氏金紫祠中，两座鼋驮石碑以及碑亭还完好地保存了下来，见证着徽州祠堂昔日的辉煌。

祁门渚口的倪氏宗祠——贞一堂，是安徽省重点文物保护单位。渚口是徽州倪姓宗族最大规模的聚居地，贞一堂始建于明初，后毁于兵火，清康熙年间重建，宣统二年 (1910 年) 正月十六被元宵灯火所焚，仅存朝门门楼。民国十三年（1924 年）集资重修。整个建筑建筑面积为近千平方米，分祠堂与朝门两个部分，主体有前、中、后三进，中进为享堂，后进为宗族祭祀之

图 6-7 祁门县渚口倪氏宗祠贞一堂

处的寝堂。朝门门前一对“黟县青”抱鼓石，雕以龙凤。大堂斗拱较小，层次较多，风格比较富丽。大堂后天井下有天池，池上有天桥通步，桥上有狮座桥柱三对。贞一堂制作讲究，精雕细刻，被誉为皖南地区“民国时期的第一大祠堂”。祠堂门前至今还散落有数十个旗杆石，祠堂享堂的枋额上，依稀还可以看到当年倪姓宗族成员科举中第时张贴的捷报。三进祠堂中的后进寝堂祖宗灵位上，摆满了左昭右穆的牌位。青石栏板上的浮雕和碑刻文字，不用费多少工夫，即可清晰地辨识。

在徽州的最南端婺源县，除鳞次栉比的古村落星罗棋布般地分布于山间盆地或潺潺溪流旁外，祠堂显然也是村落中一道靓丽的风景。汪口俞氏宗祠和黄村百柱宗祠等古祠堂建筑群，已被列为全国重点文物保护单位。距县城紫阳镇北约30千米的汪口村，一座古色古香、气势雄伟的俞氏宗祠巍然耸立在永川河畔。俞氏宗祠占地面积为1000余平方米，祠堂天井内参天的百年古桂树枝繁叶茂，跃过了宗祠的房顶，向祠堂的两边伸展。这座建于清乾隆九年（1744年）的俞氏宗族祠堂，布局严整，尤其是木雕工艺相当精湛，祠堂的斗拱、雀替、脊吻、梁枋和柱础，都十分考究，精雕细琢，其雕刻工艺刀法应有尽有，举凡浅雕、深雕、镂空雕刻等，图案细腻，层次分明，被古建筑专家誉称为“艺术宝库”。位于婺源县城紫阳镇西北的古坦乡黄村，是婺源黄氏宗

图6-8 婺源县汪口俞氏宗祠

图6-9 婺源县黄氏经义堂

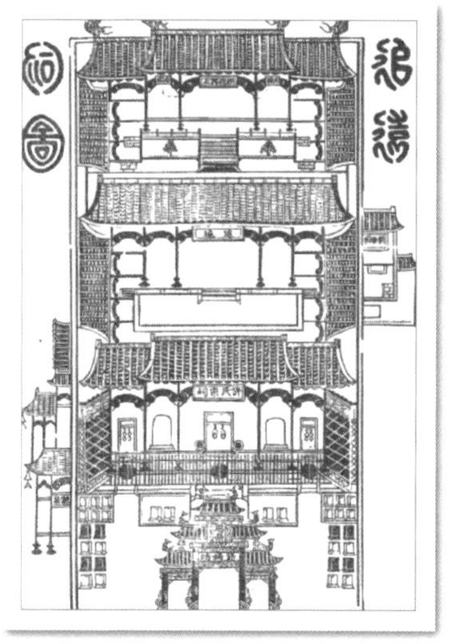

图 6-10 民国初年绩溪县涧洲许氏宗祠图

族的聚居中心，其祠堂名曰“经义堂”，因整个祠堂用百余根杉木柱支撑，故又有“百柱宗祠”的美誉。百柱宗祠建于清代康熙年间，前临小桥流水，背倚青山绿树，风景秀丽。整个祠堂为九脊顶五凤楼式建筑，面积约为 1200 平方米，上等杉木制作的大门，两侧分别雕刻有八仙图案。正厅中央悬挂有清朝文华殿大学士张玉书题写的“经义堂”巨幅匾额。正厅木柱共三排，每排四根，每根粗围有近一米之巨。正厅的梁枋上分别雕刻有鹿鸣幽谷、狮子滚球、鳌鱼吐云和龙凤呈祥等吉祥图案。四个石础上则是凤戏牡丹、仙鹤登云、喜鹊含梅和鹭鸶戏莲等纹饰。从正厅进入寝堂，要登上九级金阶。不过，由于担心触犯朝廷之禁，黄氏宗族还是撤去了两阶，成为七级金阶。

明清至民国年间徽州创建和修缮的祠堂还有许多，而且在一些规模稍大的村庄里，祠堂的建筑往往还不止一处，既有一族一姓的总祠，也有各个房派的支祠，甚至数姓之祠并存的现象也较为普遍。在被誉为“祠堂之乡”的黟县南屏村，至今尚有包括叶姓和程姓等宗族在内的七座祠堂被保存了下来。明代中叶，曾经以创建和讲述乡约、厉行乡民教化的祁门文堂陈氏宗族，至今也还有五座祠堂分布在上、中、下文堂村中。歙县西部上丰蕃村大姓鲍姓祠堂规模宏伟，而小姓许氏宗族的祠堂则被直接称为许氏家庙了。

图 6-11 歙县棠樾鲍氏宗族女祠——清懿堂

不过，在关注徽州男性为主的宗族祠堂的同时，我们还要特别重视徽州女性专有祠堂的存在。毕竟祠堂向来是男性的专利，专门为女性建造祠堂在全国大概也是不多见的。作为全国重点文物保护单位的歙县棠樾牌坊群后面，除鲍姓宗族的祠堂敦本堂和世孝祠外，作为女性祠堂的清懿堂也是规模雄伟、香火缭绕。该祠建于清朝嘉庆年间，系两淮盐法道员鲍启运筹划和主持兴建，与敦本堂专奉男主不同，清懿堂则专祔女主。从此，鲍姓宗族中的贞节烈女主有了专门被祀的祠堂。类似的女祠堂，在徽州歙县的潭渡和徽州区的呈坎等少数几个村庄还有保留，呈坎罗东舒祠中的“则内”，即是呈坎罗氏宗族的女性祠堂。

作为徽州传统宗族聚居村落建筑群中重要公共建筑设施，徽州的祠堂在历史上曾经发挥着极为重要的作用。尽管由于地形、地势等自然条件的限制，徽州祠堂在村落中的规划和位置还难以有一个相对统一的标准。但是，从解剖徽州传统村落建筑的文化符号以及乡村封建宗法制度运行的视角入手，依然可以直接或间接地透视这些祠堂背后所隐藏的丰富人文内涵。

二、徽州祠堂兴起和建设

（一）祠堂的起源与宋元时期徽州祠堂的兴建

祠堂的起源与中国古代的宗法制度密切相关。

根据文献和考古资料，早在殷商时期中国就出现了宗法制度的萌芽，甲骨文中已经有了“大示”和“小示”的文字出现，这是西周时期宗法制中“大宗”与“小宗”的直接渊源。西周实行宗法制和分封制，将宗族血缘与政治统治有机地结合起来，从而形成了早期的宗法制。安阳殷墟已出现了宗庙的遗址，西周时期，宗庙制度进一步完善。《礼记·王制第五》云：“天子七庙，三昭三穆，与太祖之庙而七。诸侯五庙，二昭二穆，与太祖之庙而五。大夫三庙，一昭一穆，与太祖之庙而三。士一庙。庶人祭于寝。”这说明，早在西周时期我国就有了宗庙，但当时的宗庙是统治阶级的上层才有的，一般平民百姓是被禁止建立宗庙的。西周时期的宗庙等级森严，只有天子、诸侯、大夫和士祭祀祖先的场所才能称为“宗庙”，庶人百姓则只能祭祀于寝室。天子和诸侯不仅祭祀祖先，而且祭祀祖先和社稷的名称有所区别，“天子、诸侯宗庙之祭，春曰礿，夏曰禘，秋曰尝，冬曰烝。天子祭天地，诸侯祭社稷，大夫祭五祀。……天子社稷皆大牢，诸侯社稷皆少牢，大夫、士宗庙之祭，有田则祭，无田则荐”[①]。社稷是国家的象征，将祖先的宗庙祭祀与社稷祭祀结合起来，实际上就是将宗族血缘与政权融为一体，显然成了君权神授的依据。这一制度被之后历代统治者所继承和使用，成为家天下的工具。

显然，宗庙是宗法制度的物化形式，后世的“祠堂”则渊源于宗庙。“祠堂”一词出现于汉代，原本是士大夫祭祀先人的场所。当时祠堂均建于墓所，墓与祠一体，称为“墓祠”，这种墓祠直到宋元明清时期的徽州依然存在，如清代乾隆初年，歙县徐氏就专门建有墓祠。[②]宋代的祠堂规制随着宗族形态的改变而发生了较大变化。

北宋中期以后，社会矛盾激化，在政府不抑制土地兼并的政策下，个体小农不仅在财产上而且在人身关系上都缺乏安全感，他们需要有自己的物质依附和精神寄托。而造纸和印刷术的进步，使得程朱理学的纲常伦理思想作为一种大众文化，在基层社会得到了更为广泛的传播，激发起个体小农对以伦理原则相结合的宗法性群体的依赖和需求。对于统治阶级而言，游离性增强的个体小农势必会形成不安定的社会因素，会对国家政权造成破坏性的影响。因此，亟须在新的历史条件下确立一种新的社会组织，以便将游离的个体小农容纳于其中，以达到稳定社会秩序、巩固国家统治的目的。适应这种形势变化的需要，宗法组织改变了自身的形态，形成了封建社会后期特有的宗族共同体。从北宋中叶开始，在地主阶级的倡导和扶持下，长江流域及华南各地的地方性宗族组织得到了迅猛的发展。苏州的范仲淹建立的旨在救济宗族中贫困成员的义田，欧阳修、苏洵创修的旨在敬宗睦族的新式家谱，一时为各地所效法。各地宗族组织开始以纂修族谱、设置义田和创建祠堂等方式，强化血缘性宗族组织的功能与作用。对宋代祠堂的规制，朱熹在《文公家礼》中指出：

---

①《礼记》第五篇《王制》，载《周礼仪礼礼记》，岳麓书社 1989 年版，第 332 页。

② 参见乾隆《新安徐氏墓祠规》不分卷。

今以报本反始之心、尊祖敬宗之意，实有家名分之首，所以开业传世之本也，故特著此，冠于篇端，使览者知所以先立乎其大者。而凡后篇所以周旋、升降、出入、向背之曲折，亦有所据以考焉。然古之庙制，不见于经，且今士庶人之贱，亦有所不得为者，故特以祠堂名之，而其制度亦多用俗礼云。

君子将营宫室，先立祠堂于正寝之东。祠堂之制，三间，外为中门，中门外为两阶，皆三级。东曰阼阶，西曰西阶。阶下随地广狭，以屋覆之，令可容家众叙立。又为遗书、衣物、祭器库及神厨于其东，缭以周垣，别为外门，常加扃闭。若家贫地狭，则止为一间，不立厨库，而东西壁下置立两柜，西藏遗书、衣物，东藏祭器亦可。正寝谓前堂也，地狭则于厅事之东亦可。凡祠堂所在之宅，宗子世守之，不得分析。凡屋之制，不问何向背，但以前为南，后为北，左为东，右为西。①

作为理学之集大成者，特别是徽州地域学术流派创始人，朱熹有关祠堂的论述基本上建构了祠堂建筑的基本规模与制度，这就是三间制度，明清时期演变为三进，即仪门、享堂和寝堂。尽管宋元时期徽州的祠堂由于受朝廷制度和山区地形地势的严格限制，尚未能完全根据朱熹创立的祠堂规制和结构进行建设，但它还是初步奠定了徽州后世宗族祠堂的雏形。

作为徽州宗族统治的象征，徽州的祠堂大约兴起于宋代。据文献记载，早在宋代，在朱熹思想的影响下，向以朱子桑梓著称的徽州便拉开了宗祠建设的序幕。明弘治十四年（1501 年）俞芳在为《新安会通谱》所撰写的序文中就曾指出："幸而皇宋诞膺景运，五星聚奎。于是吾郡朱夫子者出，阐六经之幽奥，开万古之群蒙，复祖三代之制，酌古准今，著为《家礼》，以扶植世教。其所以正名分、别尊卑，敬宗睦族之道、亲亲长长之义，灿然具载，而欧（阳修）、苏（洵）二子亦尝作为家谱以统族属。由是，海内之士闻其风而兴起焉者，莫不家有祠以祀其先祖，族有谱以别其尊卑。"② 在休宁，茗

① [宋]朱熹：《家礼》卷一《通礼·祠堂》，载朱杰人、严佐之、刘永翔等主编：《朱子全书》第七册，上海古籍出版社、安徽教育出版社 2002 年版，第 875 页。

② 弘治《新安黄氏会通谱》卷首《俞芳·集成会通谱叙》。

洲吴氏宗族在淳祐年间即创建宗祠观宇，奉祀始祖程氏小婆太夫人。[1] 此外，休宁率口程氏宗族、臧溪臧氏宗族和祁门善和程氏也先后创建了本姓的宗祠。至此，徽州历史上出现了第一批宗族祠堂。元代至大年间，婺源考川胡氏宗族修建了明经祠。宋元时期，婺源清华胡氏宗族、桂岩詹氏宗族、大畈汪氏宗族和歙县江村江氏宗族也分别兴建了本宗族的祠堂。但总的来说，宋元时期，徽州宗族祠堂的兴建还只是个别现象，尚未形成一种社会风气和普遍现象。根据弘治《徽州府志》记载，宋元时期徽州祠堂与庙宇是分不开的，所以，弘治《徽州府志》将记载祠堂和庙宇的内容合为一卷，名之曰《祠庙》，其中所列的不少祠宇是祭祀精英人物的行祠、忠烈祠等，如“忠烈行祠”“世宗行祠”“定宇先生祠”等。严格意义上说，这时的祠庙尚与明代中叶以降兴盛的宗族祠堂规制尚有很大区别。但在一些名门望族的族谱中，确有少量宋元时代宗族祠堂的兴建，但总体来说，这种墓祠、祠庙相结合的祠堂多数还是仅限于祭祀越国公汪华等少数精英人物的祠庙或墓祠。

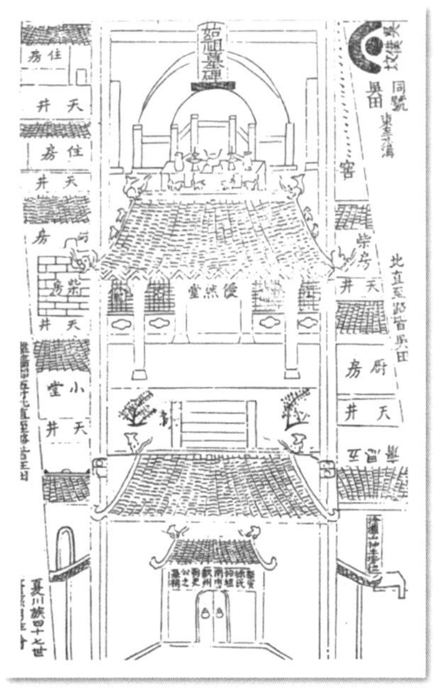

图 6-12 歙县徐潭徐氏宗族始祖墓祠平面图

（二）明代中叶以后徽州祠堂的大规模建设

1. 明嘉靖时期徽州宗族祠堂建设高潮的掀起

尽管宋元时期徽州拉开了宗族祠堂建设的序幕，并创建了一批宗祠，明初至明代中叶延续了这一建祠或重修之势，如祁门善和就在景泰元年至二年（1450—1451 年）重修建于宋代的程氏宗祠——最高祠堂。程显在成化四年（1468 年）十一月撰写的《重修最高祠堂记》中，描述了善和程氏宗祠的规模，云：“景泰间，浮梁之族有名润通者，于尚书为十九世孙，慨先业之不振也，与诸房子姓谋合泉布，抡材鸠工，撤而葺之，以旧祠堂高出寺后、风雨无所蔽障，遂卜地于寺之西北隅建焉。实当尚书长子朝散之墓左，为室凡五，深二

①［明］吴子玉：《茗洲吴氏家记》卷十二《杂记》。

丈有奇。其崇视深而加隆，其广亦如之，涂以黝垩，绘以丹壁，中奉尚书之主，而五府君侑焉。始功于景泰庚午九月辛亥，讫事于辛未三月望，修废举坠，焕然一新。”[①] 尽管如此，徽州真正大规模的祠堂建设活动还是在明代中叶以后，确切地说，是在夏言关于臣民祭始祖、立家庙的奏疏获得明世宗恩准之后。嘉靖十五年（1536 年），礼部尚书夏言在一折题为《请定功臣配享及臣民得祭始祖立家庙》奏疏的第二部分，提出了《乞诏天下臣民冬至日得祭始祖》的建议，指出：

> 夫自三代而下，礼教凋衰，风俗蠹弊，士大夫之家、衣冠之族尚忘祖遗亲，忽于报本，况匹庶乎？程颐为是缘情而为制，权宜以设学，此所谓事逆而意顺者也。故曰："人家能存得此等事，虽幼者可使渐知礼义。"此其设礼之本意也。朱熹顾以为僭而去之，亦不及察之过也。且所谓禘者，盖五年一举，其礼最大。此所谓冬至祭始祖云者，乃一年一行，酌不过三，物不过鱼黍羊豕，随力所及，特时享常礼焉尔。其礼初不与禘同，以为僭而废之，亦过矣。夫万物本乎天，人本乎祖，豺类莫不知报本，人为万物之灵也，顾不知所自出，此有意于人纪者，不得不原情而权制也。迩者平台召见，面奏前事，伏蒙圣谕："人皆有所本之祖，情无不同，此礼当通于上下，惟礼乐名物不可僭拟，是为有嫌，奈何不令人各得报本追远耶？"大哉，皇言！至哉，皇心！非以父母天下为王道者，不及此也。臣因是重有感焉，而水木本原之意恻然而不能自已。伏望皇上推恩因心之孝，诏令天下臣民，许如程子所仪，冬至祭始祖，立春祭始祖以下、高祖以上之先祖，皆设两位于其席，但不许立庙以逾分，庶皇上广锡类之孝，臣下无禘祫之嫌，愚夫愚妇得以尽其报本追远之意。溯远祖，委亦有以起其敦宗睦族之谊。其于化民成俗未必无小补云，愚不胜惓惓。[②]

这一奏疏被嘉靖皇帝允准，明朝对品官之家立家庙祭祀祖先和庶民祭祀始祖、先祖的条件进行了放松。从此，中国民间宗族祠堂规制和祭祖礼仪发

① 嘉靖《善和程氏宗谱·程氏足征录卷一》。

②［明］夏言：《桂洲先生奏议》卷十七《请定功臣配享及臣民得祭始祖立家庙》。

生了重大变化，累世簪缨、名臣辈出的徽州宗族世家，在祭祖礼仪制度改革后，纷纷建立家庙甚至祠堂，便以不可阻挡之势开始进行。

明代嘉靖年间，歙县棠樾鲍氏宗族子弟、兵部侍郎鲍象贤在为休宁古林黄氏宗族所撰写的《大宗祠碑记》中指出："夫君子将营宫室，祖庙为先。盖祖宗者，类之本也，尊祖则能重类，重类则能均爱。是故统昭穆之序，致祇事之诚，深肃僾之怀，盛蒸尝之荐，凡以合类明亲也。自礼乐废弛，宗法不立，寄空名于行序之间，饰浮美于谱牒之末，而族义乖违，漫无统纪，议者必欲准古冢嫡世封之重，山川国邑之常，然后推明宗法纲纪。其间则事体难于适从，坠典终于不复，非所谓与世推移、变通尽利者也。若夫缘尊祖之心，起从宜之礼，隆报本之仁，倡归厚之义，则近世宗祠之立亦有取焉。"[①] 正是在明中央王朝的政策指导和徽州籍官商士大夫的共同倡导与慷慨解囊襄助下，徽州的祠堂在嘉靖时期出现了井喷式建设高潮。据刊刻于嘉靖四十五年（1566年）的《徽州府志》[②] 统计，这一时期徽州府属六县共建有 215 座宗族祠堂。其具体分布、数量及名称如下：

县域	数量	名称
歙县	70	克山吴氏宗祠、东门许氏宗祠、江氏宗祠（有二：一在龙舌头，一在桃源坞）、上路汪氏宗祠、上路程氏宗祠、荷花池程氏宗祠、接官亭汪氏宗祠、汪氏宗祠（在城河上）、毕氏宗祠（在穆家巷左）、詹氏宗祠（在北关门外）、府前方氏宗祠（在新安卫前）、朱氏宗祠（在斗山街）、萧江统宗祠（在东察院前），潭渡黄氏宗祠（有二：一祀黄芮，一祀黄孝则）、下市黄氏宗祠（祀黄芮）、沙溪汪氏宗祠、五里亭程氏宗祠、向杲吴氏宗祠、梅村叶氏宗祠（祀叶□泽）、岩镇郑氏宗祠，佘氏宗祠、孙氏宗祠、阮氏宗祠，上路李氏宗祠、棠樾鲍氏宗祠、槐塘程氏宗祠、沙溪凌氏宗祠（在社左）、罗田上源方氏宗祠、罗田柘源方氏宗祠、石冈汪氏宗祠（有二）、潜川汪氏宗祠（有二：一曹门，一楼下）、洪源洪氏世祠（在坑口）、洪源洪氏宗祠（在竹林里）、西溪南吴氏宗祠、南溪南吴氏宗祠、南溪南江氏宗祠、浯村朱氏宗祠、孙氏慕源宗祠（在百老峰下）、竦塘黄氏宗祠、石桥吴氏宗祠、雄村曹氏宗祠、陆氏宗祠（在梁下）、萧氏宗祠（在梁下）、项里殷氏宗祠、桂林洪氏宗祠，竦口程氏宗祠、汪氏宗祠，方塘胡氏宗祠、丰堨汪氏宗祠、章祈汪氏宗祠、灵山方氏宗祠、葛塘吴氏宗祠，黄村黄氏宗祠、潘氏宗祠，云雾塘王氏宗祠、托山程氏宗祠（有二：一祀程忠壮，一祀程参军）、瀹潭方氏宗祠、徐村徐氏宗祠（有二）、仇村黄氏宗祠、呈坎罗氏宗祠、澄塘吴氏宗祠（侍郎吴宁建）、杨宗伯祠（在学左）、吕侍郎祠（在水西）、鲍提干祠（在向杲）

① 崇祯《古林黄氏大宗谱》卷四《大宗祠碑记》。

② 嘉靖《徽州府志》卷二十一《宫室》。

续表

县域	数量	名称
休宁	34	南门夏刺史宗祠（祀元康）、珰溪金氏世宗祠（在著存观）、率口程氏宗祠、流塘詹氏宗祠、玉堂王氏宗祠（在董干富琅）、板桥杨刺史宗祠（祀杨受）、山斗程氏宗祠、陪郭程氏宗祠、邑前刘氏宗祠（在东门内），博村、林塘范观察宗祠（祀范传正），金忠肃宗祠（在崇寿观左）、吴氏节孝祠（在董干）、城北苏氏宗祠、渠口汪氏宗祠、上山吴文肃宗祠、孙氏庆源宗祠（在西山麓）、由溪程氏宗祠、东门汪氏宗祠、文昌坊程氏宗祠（在董干）、上溪口汪氏宗祠、临溪程氏宗祠、上溪口吴氏宗祠、黄石程氏宗祠、石岭吴氏宗祠、屯溪朱氏宗祠（在上山头）、汪溪金氏宗祠、溪西俞氏宗祠、南街黄氏宗祠、凤湖汪氏宗祠、新中戴氏宗祠、岭南张氏宗祠、洪方汪氏宗祠、孙氏万荣宗祠（在云溪口，祀孙永秀）
婺源	48	双溪王氏宗祠、绣溪孙氏宗祠、双杉王氏宗祠、玉川胡氏宗祠、理田李氏宗祠、汪口俞氏宗祠、萧江统宗祠（在中平）、汪征君宗祠（在大畈）、汪睦肥祠堂、济溪游氏宗祠、篁岭曹氏宗祠、外庄叶氏宗祠、官源洪氏宗祠、官源汪氏宗祠、叶村汪氏宗祠、小源詹氏宗祠、陀川余氏宗祠、清华胡氏宗祠（有二：一在上市，一在中市）、桃溪潘氏宗祠、龙川程氏宗祠、桂岩戴氏宗祠、宝石李氏宗祠、甲道张氏宗祠、云川王氏宗祠、丰田俞氏宗祠、丰洛王氏宗祠、龙槎金氏宗祠、沣溪吕氏宗祠、平盈方氏宗祠、横槎黄氏宗祠、太白潘氏宗祠、五镇倪氏道川祠、环溪程氏宗祠、许昌许氏宗祠、疆溪臧氏宗祠、鹏岳汪氏宗祠、港源程氏宗祠、游汀张氏宗祠、凤砂汪氏宗祠、中平祝氏宗祠、镇头方氏宗祠、游山董氏宗祠、符竹汪氏宗祠、太白吴氏宗祠、翀田齐氏宗祠、车田洪氏宗祠、长径程氏宗祠
祁门	35	谢氏宗祠（在邑南柏山）、井亭汪氏宗祠、韩溪汪氏宗祠、梓溪汪氏宗祠、画绣坊汪氏宗祠（在邑北）、朴里汪氏宗祠（在邑南）、文溪汪氏宗祠、舜溪汪氏宗祠、芦溪汪氏宗祠、润溪汪氏宗祠、楚溪汪氏宗祠、在城王氏宗祠（在邑东鹤山麓）、槐庭王氏宗祠（在邑西石山）、历溪王氏宗祠（在十九都）、高塘鸿村王氏宗祠、马氏宗祠（在邑东侗冈）、新装张氏宗祠（在邑南道堂前）、朱紫叶氏宗祠（在重兴寺口）、元魁坊叶氏宗祠（在官沅山）、胡氏宗祠（有二：一在贵溪，一在邑胡源坑口）、桂林胡氏宗祠（在下横街）、方氏宗祠（凡六：一在邑北，一在伟溪）、熊遯饶氏宗祠（在石墅源口）、窭山程氏宗祠（在六都程溪）、东溪仰氏宗祠（在七都司叉）、北蒋宗祠（在八都白塔）、郑氏宗祠（在□王絮）、□□□金氏宗祠（在金村）、塔湾陈氏宗祠（在桃源）
黟县	10	环山余氏宗祠、义门胡氏宗祠、古筑孙氏宗祠、横冈胡氏宗祠、黄村·黄氏宗祠、城东王氏宗祠、城南汪氏宗祠、黄陂黄氏宗祠、横梁程氏宗祠、景溪李氏宗祠
绩溪	18	中正坊程氏宗祠（在南门外）、市南许氏宗祠（在南门外）、北门张氏宗祠、县北张氏宗祠、城北任氏宗祠、仁里程氏宗祠、市西葛氏宗祠（在坦石头）、瀛川章氏宗祠、孔林汪氏宗祠、胡里胡氏宗祠、程里程氏宗祠、龙川胡氏宗祠、涧洲许氏宗祠（在十五都）、上田汪氏宗祠、市西胡氏显义宗祠（在高村）、市南汪氏宗祠（在下三里）、美俗坊胡氏宗祠（在县北）、市东戴氏宗祠
合计	215	

从上表可以看出，截止到嘉靖四十五年（1566 年）的不完全统计，徽州六县共建有宗族祠堂 215 座。如果加上 9 座各类支祠，总量多达 224 座。在这 224 座宗族祠堂中，又以徽州府治所在地歙县为最多，数量高达 70 座。显然，徽州宗族祠堂的大规模营建是在弘治至嘉靖年间。此后，徽州各地各类祠堂更是呈不断增加之势。

我们注意到，作为宗族聚居之区的徽州，明代嘉靖年间大规模营建宗祠活动，除明王朝祭祖礼仪改革的动因外，还与社会经济发展以及宗族遇到挑战的形势有密切关系。明代中叶以降，伴随着商品经济的发展和社会的急剧转型，徽州宗族子弟大规模外出经商，社会风气日渐浇漓。这一社会现象的出现，对徽州宗族制度和宗族统治造成了强烈冲击。因此，营建祠堂、强化宗法观念、加强宗族组织、巩固宗族制度，便成为形势发展的迫切需要。与此同时，拥有强烈宗族背景的徽州商帮经营的巨大成功，也为宗族祠堂建设提供了有力的物质保障。他们将经商所得的利润大规模投入到祠堂的建设中，在一定程度上促进了徽州祠堂的建设。正如程一枝所说的那样，“观于郡国诸大家，曷尝不以宗祠为重哉！”他认为：“举宗大事，莫最于祠。无祠则无宗，无宗则无祖，是尚得为大家乎？”宗族祠堂显然已经成为报本追远、怀慕祖先和大家风范的一个重要标志。还有就是明代中叶徽州科第兴盛，人才辈出，一批品官在任和致仕之后，对宗族祠堂建设也情有独钟。于是，徽州祠堂便在这些综合因素的交互作用下，开始了几乎是井喷式的崛起，形成“厅祠林立”“祠宇相望”的兴盛景象。

整个嘉靖时期，徽州宗族祠堂的建设呈现出以下几大特征：

第一是数量多。在夏言《乞诏天下臣民冬至日得祭始祖》奏疏被明世宗批准的嘉靖十五年（1536 年）之后，徽州社会迅速掀起了一次兴建宗族祠堂的高潮。在这次祠堂建设的高潮中，徽州六县境内聚族而居的各大宗族兴建了数以百计的祠堂，其实际数量应当远远超过嘉靖《徽州府志》所统计的 224 座，呈现出数量多的特征，所谓“村落家构祠宇，岁时俎豆其间”[①]。

第二，类型广。嘉靖年间徽州大规模兴建祠堂的类型极为广泛，其中既有合族的宗族祠堂，也有单一合户的祠堂，还有所谓的墓祠、书院等专祠。

① 嘉靖《徽州府志》卷二《风俗》。

正如祁门善和程昌编撰的嘉靖《窦山公家议》所指出的那样，“追远报本，莫重于祠。予宗有合族之祠，予家有合户之祠，有书院之祠，有墓下之祠。前人报本之意至矣、尽矣！恩报本之义而祀事谨焉”[①]。

第三，规模大。嘉靖时期徽州的宗族祠堂起点高、规模大，而且越到嘉靖后期，随着徽商经营和徽州科举功名的巨大成功，徽州的规模也更加庞大。建成于嘉靖二十二年（1543 年）的婺源横槎黄氏宗祠“寝堂七间，堂后穿堂一间，夹室两厢，共九间。堂之外翼以廊，东西共十间，而会于大门。门七间庖湢守室称之”[②]。而休宁汪溪金氏宗祠“祠基坐西面东，原系田地山经理，今属为祠基，入深计一十六丈四尺有零，横计阔六丈一尺有零。祠后众存沟一道，从左绕祠前，流入街渠，两畔有地，以俟后裁”[③]。

第四是规格高。嘉靖时期特别是嘉靖中叶以后，徽州祠堂的规制逐渐定型，大体为仪门、享堂和寝堂等三进五开间规制。最具代表性和典型性的当推始建于嘉靖四十一年（1562 年）的绩溪龙川胡氏宗祠。该祠堂分别由门楼、享堂和寝堂共三进七开间构成。这是一座飞檐翘角、雍容华贵的典型五凤楼建筑。第一进是门楼，宽达 22 米的门楼，由 28 根立柱和 33 根月梁构成。第一重门为黑漆色大栅栏门。第二重门中间是仪门（俗称“正门”），两边是边门（又称“旁门”）。仪门前左右各置一个高大的石鼓和威武雄壮的大石狮。引人注目的是前后八条方梁梁面的精美木雕图案，前面中间上梁是“九狮滚球遍地锦”，后面中间上梁是“九龙戏珠满天星”，下面和左右两边方梁是各种各样的历史戏文。这些木雕内容丰富，雕刻精湛，具有很高的艺术价值。第二进是享堂，这是一座恢弘高大、豪华典雅的宫殿式建筑。它用 48 根直径 53 厘米的高大银杏圆柱，架着 54 根硕大的冬瓜梁构成。在龙川胡氏宗祠建筑群中，享堂是主体建筑。享堂两侧各有 10 扇高达丈余的落地隔板，上半截为镂空的花格，下半截为平版浮雕。雕刻内容是出水芙蓉。莲花，有的含苞待放，有的花蕾初绽，有的盛开怒放，有的瓣落蓬显；荷叶，“有的迎风翻卷，有的平铺水面，有的舒展如伞，有的低垂若帽”；池水，“有的

① ［明］程昌著，周绍泉、赵亚光校注：《窦山公家议校注》，黄山书社 1993 年版，第 19 页。
② 嘉靖《新安左田黄氏正宗谱》卷二《记类・横槎祠堂记》。
③ 嘉靖《新安休宁汪溪金氏族谱》卷四《墓图》。

微波粼粼，有的浪花朵朵，有的涟漪荡漾，有的水流湍急”；动物，“或有鸟翔蓝天，或有鱼潜水底，或有鸭戏碧波，或有蛙跃荷塘，或有鸳鸯交颈，或有河蚌翕张”，或有对虾追逐，或有螃蟹横行。二十扇花雕，千姿百态，充满诗情画意。[①]享堂正面是一排大型木雕隔扇。这些隔扇雕刻的主题是梅花鹿。雕工精细入微，不仅雕出鹿身点点梅花，而且细毛都清晰可见。鹿的神态：有的悠游慢步，有的回头顾盼，有的仰首嘶鸣，有的受惊疾奔，有的饮水溪畔，有的口衔花草，有的母鹿舔抚，幼鹿吮乳……件件绘声绘色，惟妙惟肖，巧夺天工。[②]第三进是寝室，这是一座高大的楼阁式建筑。这里的隔扇浮雕是静物——插花艺术。花瓶造型，有六角、八角、半圆、长颈、大口、菱形等；瓶身图案，有回纹、云纹、细线、挂铃等；瓶内插花，有桃、李、兰、菊、牡丹、海棠、水仙、玉簪等。隔扇上下小木板浮雕，有文房四宝、书案画卷、八仙道具等，堪称艺术精品。

总之，嘉靖时期是徽州宗族祠堂建设的井喷式发展时期。它不仅在数量、类型、规模、规格和规制方面，承继了宋元和嘉靖以前徽州宗族祠堂发展的态势，而且逐渐形成了以五凤楼式三进五开间的基本规制和特征，并在此基础上进行了改进，成为此后徽州宗族祠堂的基本规制与形态。

2. 万历至明末徽州祠堂的繁荣发展

承接嘉靖时期的发展态势，万历以降至明末，徽州宗族祠堂在徽商大规模经营成功、积聚了巨额财富的背景下，不仅在数量上继续增加，徽州境内规模稍大一点的宗族大都建立了属于自己的合族或合户祠堂，而且在规模和规格体式上又有了进一步的发展，一些规模庞大、雕栏玉砌极尽奢华的巨姓大族祠堂特别是统宗祠开始出现，并逐步达到了历史的巅峰时期。

我们仅以万历《绩溪县志》为例，来说明万历时期徽州宗族祠堂数量绝对增加这一事实。截止到嘉靖四十五年（1566 年），徽州六县共建有宗族祠堂 215 座，若加上 9 座各类支祠，总量多达 224 座，绩溪仅有 18 座。仅仅到了万历九年（1581 年），绩溪就增至 34 座，[③]数量几乎增加一倍。

① 参见冬生：《木雕艺术的厅堂》，载《安徽画报》1986 年第 2 期。
② 参见冬生：《木雕艺术的厅堂》，载《安徽画报》1986 年第 2 期。
③ 根据万历《绩溪县志》卷四《宫室志 · 祠宇》统计。

图 6-13 徽州区潜口汪氏金紫祠享堂

万历时期兴建的最具代表性的也是目前堪称规模建制最为宏伟的徽州宗族祠堂，当推位于今徽州区潜口和呈坎的汪氏金紫宗祠与贞靖罗东舒祠。

汪氏金紫宗祠是潜口汪氏宗祠，位于潜口下街，又称“下祠堂”。宋元祐年间（1086—1093年），因聚居潜口的望族汪叔敖四子相继入仕，汪叔敖遂以子贤而被赠以金紫光禄大夫，汪氏宗祠亦由此被称为“金紫祠”。该祠创始于宋，明永乐时汪善一曾修葺之。正德年间，汪弘仁、汪弘义始将祠址迁建于今金紫祠所在之地，但规模不大。嘉靖初，汪文显曾率族众扩大宗祠规模，惜未竟，其子宪使、上林锐意成之。但因宪使以伏节死，夙愿未遂。隆庆、万历之际，汪上林弃官而归，决意成之。直到万历二十年（1592年），方才仿造明皇宫太和殿建筑式样，鸠工庀材，开始重建金紫祠，历时三年竣工。据大学士许国撰写的《金紫祠记》载，金紫祠“自壬辰迄乙未，越三载而功成”[①]。这座规模宏伟的祠堂，从周边环境到祠堂布置和装饰都经过了精心

① 原碑现立于安徽省黄山市徽州区潜口镇汪金紫祠内。

选择、规划和设计。从四周远景观之，“祠故负龙山，蜿蜒叠复而来，形家者最焉。负坎抱离，黄罗为觐，天马屏峙，潜之水曲逆而左带，浮屠末而颖插天。松山右环，夭乔而蟠龙虬。形胜之奇，邑中无两……自故址树棹楔者三，署祠额焉。左右夹立而鼎承之，则宋元及贻代贤贵甲科之士胪列焉。坊当康壮之衢，槐棘夹道，浓绿交阴，望之窿如也，廓如，足以耸观。由坊而入，池方二亩，甃石而桥之，下穿三峡，上施盾焉。命名为三源桥。盖以潜川岁主祫祭，执牛耳以司盟，若信用，若从睦，则分支流派三而本源一，桥因以名。渊如也，泓如也，足以探本。由桥而进，属于棂门，栅林立焉。戟门中启，阀阅崔魏，翚革飞动，洋洋乎世族之风。由戟门而抵仪阖，开阈者三，轩如也，洞如也，足以作肃。入门而驰甬道，登露台，两庑回荣，虚明爽垲，九仞之堂，穹窿栋宇，以藏历代”①。有上述文字记载，结合现存并已整修一新的汪氏金紫祠规制，我们可以清楚地看到，这座被当地居民称为“金銮殿”的祠堂建筑宏伟壮观。作为一个整体的建筑群，汪氏金紫祠坐北朝南，

图 6-14 潜口汪氏金紫祠前牌坊

① 原碑现立于安徽省黄山市徽州区潜口镇汪氏金紫祠内。

其结构沿中轴线对称布局，依次为金紫祠石牌坊、侧立一对双脚石坊、方池、三源桥、棂星门、天井、一对石狮、戟门、天井、碑亭、仪门、庭院、两廊、露台、上下大堂、穿堂、天井、三道石阶甬道、寝堂，左廊转后，为汪公殿，总共多达七进，纵深达 196 米，总面积近 7000 平方米。就戟门之后的祠堂内部结构而言，汪氏金紫祠共有四进，碑亭、仪门、享堂和寝堂。戟门东西两侧并排建有碑亭各一座，分别存置大学士许国撰写的《金紫祠记》和时任都察院右佥都御史汪应蛟撰写的《潜川汪氏金紫祠碑》各一通。鼋驮碑亭在徽州宗祠建筑中极其少见。寝堂宽 31 米，进深 10.6 米，高约 10 米，为歇山顶，中为正德年间建造，两侧各三间则为万历时增建。月梁梭柱，荷花柱础，前有轩棚飞檐。①

呈坎罗东舒祠全称为“贞靖罗东舒先生祠”，是为祭祀聚居于呈坎村的前罗十三世祖、宋末元初学者罗东舒而建，故名。该祠堂初创于嘉靖年间，据罗应鹤《祖东舒翁祠堂记》云：“嘉靖间，宗长老聚族而谋，议建特庙，眂日参景以正方位，水地置槷以相高卑，得善地于左方，面灵金而扆负葛山，南揖五山而北引潨水为带，此山川之奇，足妥先灵矣。伐山刊木，得善材数千章。匠人营之，陶人甓之。后寝几成，遇事中辍。”显然，嘉靖时期，由于种种原因，罗东舒祠建造被迫中断，未能竣工，直到七十年后的万历四十年（1612 年），几近完成的部分建筑已危至圮坏时，方才重新开始继续施工，“诸宗人因谒庙而思祖功，睹遗规而慨缔造之不易。宗之冕衣裳者、缝掖者、衣大布者、父老之杖者、扶掖者、提携者不谋而集，咸曰：‘先公有灵，此举日几几望之矣。’于是，考委积于遗人，征力役于司隶。心计者策之，忠勤者督之，素封者勗勷之，千腋一裘，期以不日中建堂。其颜为‘彝伦攸叙’，出云间董太史手笔。堂上度以筵，堂崇四筵，广八筵，近六筵。寝度以寻，广十寻，深四寻，中奉翁及祖妣，左右按礼分曹，东西为夹室，东崇有德，西报有功，祔祠之主序列焉。寝因前人草创，益之以阁，用藏历代恩纶。由堂之前，甃石为露台，而旁前各有庑，为楹二十有四。转而趋则为正门，将将洞启、容大扃者三，其颜为‘贞靖罗东舒先生祠’，为太和郭大司马题识。左右各有厅事，以备聚食待馂之所。门之外，列碑亭二座，翼然前趋，总竖

① 参见黄山市徽州区地方志编纂委员会编：《徽州区志》，黄山书社 2012 年版，第 783—784 页。

以棂星门，缭以周垣，为一百七十六堵。经始于壬子秋，落成于丁巳岁，为费亦不赀矣”[①]。可见，罗东舒从草创至最后落成，前后历经了七十余年。对照现在遗存相对完好的罗东舒祠，我们不难发现，这座规模仅次于汪氏金紫祠的罗东舒祠，也是一座非常壮观华美的宗族祠堂，被誉为是“江南第一祠”。该祠堂坐西朝东，四进四院，即由棂星门、仪门、碑亭、甬道、丹墀、厢廊（房）、露（拜）台、享堂和寝堂等部分构成。面宽 26.5 米，进深 78 米，占地面积 3300 平方米。整个工程由二十二世祖户部侍郎罗应鹤主持，原先建成的主干部分寝堂，在保持木结构建筑的同时，改成三道石台阶上堂，总工程由二十三世祖罗邦耀综理监督，开始于万历四十年（1612 年），落成于万历四十五年（1617 年），前后历时近六年。宗祠全部竣工后，发现寝堂被中进享堂遮蔽，二十三世祖罗人忠又主持在寝堂屋顶加盖一阁，这样，整座罗东舒祠显得巍峨壮观。值得一提的是，在罗东舒祠的整个建筑中，还有专门女祠的建筑，名之曰“则内”。

罗东舒祠堂建筑群的内部结构排列对称整齐，气势恢弘壮观。祠堂头门为棂星门，门前方为八字形的砖墙照壁，遮挡潨川河。棂星门系五间牌坊式木制栅栏门，两侧各有一座高 5 米的院墙垂直交叉，南北院墙各置有一个高 3.75 米、宽 1.5 米的上呈半圆形、下呈长方形的门洞。祠堂前棂星门和仪门之间铺有石板路穿东门而过。照壁、棂星门和南北院墙围成既封闭又开放的空间院落，称为‘门坦’，是供路人出入东舒祠和村民往来之路。入棂星门，过甬道，为前七开间、后五开间的仪门，纵深 10.3 米、开间 26.5 米，脊高 9.5 米，前方有 8 根立柱、后方为 6 根立柱。仪门两侧分别有抱鼓石一对，左右大门两侧为廊庑，为议事厅和备食待餐之所。仪门之后为长 16 米、宽约 5 米的甬道，过甬道上二级台阶，是一座 68 平方米的露台，即拜台。甬道两侧为左右丹墀，丹墀两侧则为左右两厢，各五开间，进深 4 米，脊高 7.5 米，为置放祭器和各种杂物之所。沿两庑、两厢直通甬道，即进入享堂。享堂为五开间大厅，纵深 22.6 米，阔约 26 米，脊高约 14 米，为草架硬山顶。享堂正厅内上檐悬挂董其昌题写的“彝伦攸叙”金字牌匾，两边墙壁上则悬挂有罗应鹤制定的《八大宗仪》粉牌，整个享堂庄严肃穆、恢弘宽敞。由享堂后出门，经过天

① 罗斗：《潨川足征录》文部七《罗应鹤·祖东舒翁祠堂记》。

井中的左、中、右三条甬道各七级台阶，进入了寝堂。寝堂两层，高 16 米、宽约 30 米，进深 10 米，共三个开间。楼上为十一开间，十二柱并列，屋顶阁棚外露，衬以青砖。该阁楼珍藏历代帝王的诰敕、圣旨等恩纶，故名“宝纶阁”。整座罗东舒祠建筑中，石雕、木雕、砖雕特别是栏板石雕等不仅数量多，而且质量高，展现出了高超的徽州“三雕”艺术，是徽州祠堂中的典范之作。

万历至明末，徽州祠堂建设确实达到了一个高峰。正如吴子玉在《沙溪凌氏祠堂记》中所云：“寰海之广，大江之南，宗祠无虑以亿数计，徽最盛；郡县道宗祠无虑千数，歙最盛。盖我郡国多旧族大姓，系自唐宋来，其谱牒可称已，而俗重宗义，追别思远，俭而用礼，兹兹于角弓之之咏。以故姓必有族，族有宗，宗有祠，诸富人往往独出钱建造趣办，不关闻族之人。诸绌乏者，即居湫隘，亦单力先祠宇，毋使富人独以为名。由是，祠宇以次渐增益增置矣。”①

3. 清代康熙至乾隆时期徽州祠堂建设的鼎盛发展

经过明末清初战乱洗劫，富庶的徽商和徽州在清初经历了沉寂和低迷发展之后，至康熙中期再度崛起，特别是徽州盐商在两淮和两浙盐业中几乎取得了压倒性的垄断地位后，拥有巨额利润和资本的徽商不仅生活奢靡，而且对徽州故里的教育、文化和宗族事业，慷慨解囊，捐助巨资纂修家谱、创建祠堂，进而实现光宗耀祖的理想，使得康熙、乾隆年间，徽州的宗族祠堂，在经历了明代嘉靖、万历的一次建设高峰之后再度兴盛，并发展到了巅峰地步。对此，许承尧撰修的《歙县志》云：“田少民稠，商贾居十之七，虽滇、黔、闽、粤、秦、燕、晋、豫贸迁无不至焉，淮、浙、楚、汉又其迩焉者矣，沿江区域向有‘无徽不成镇’之谚。……邑中商业，以盐、典、茶、木为最著，在昔盐业尤兴盛焉，两淮八总商，邑人恒占其四，各姓代兴，如江村之江，丰溪、澄塘之吴，潭渡之黄，岑山之程，稠墅、潜口之汪，傅溪之徐，郑村之郑，唐模之许，雄村之曹，上丰之宋，棠樾之鲍，蓝田之叶，皆是也。彼时盐业集中淮、扬，全国金融几可操纵，致富较易，故多以此起家。席丰

① [明] 吴子玉：《大鄣山人集》卷二十二《沙溪凌氏祠堂记》，《四库全书丛目丛书》集 141—511。

履厚，闾里相望。其上焉者，在扬则盛馆舍、招宾客，修饰文采；在歙则扩祠宇、置义田，敬宗睦族，收恤贫乏。”①

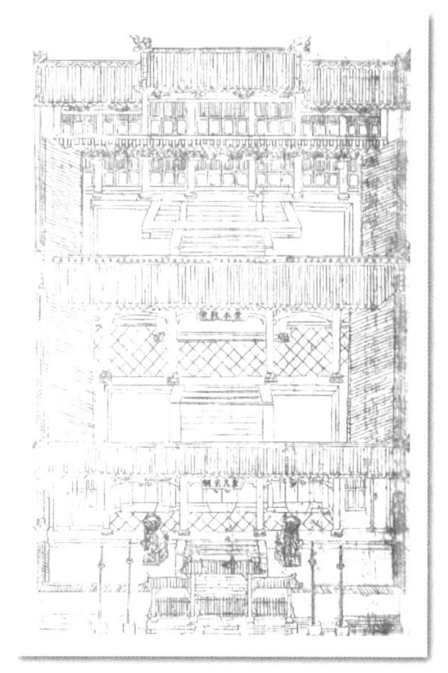

图 6-15 休宁县古林黄氏宗祠图

正是在盐商为代表的徽商迅速致富并慷慨捐巨资创建和修缮本宗族祠堂的背景下，以及徽州籍官员和士绅的推波助澜下，康熙至乾隆时期，徽州再次将祠堂建设推向了一个巅峰。徽州不少规模宏大、富丽堂皇的祠堂，多是在继明代万历之后，至清代康乾时期得以创建或维修的。

规模宏敞的休宁县古林黄氏宗祠正是创建于元、重建于明嘉靖元年（1522 年）、清代乾隆年间进行重修的典型祠堂建筑。按：嘉靖元年，古林黄氏宗族“前代建有祠宇，合其族姓以奉蒸尝。元末兵兴，鞠为墟烬，岁时展序，惟次第相率就其私家，汔可成礼而已。嘉靖壬午，其宗老某等议以齿聚益繁、祠宇久废、无以安远宁宗之意，乃即所居东偏拓地一区，广若干丈，深且倍之，中为享堂，后为寝室，廊庑洞达，门閌宏深，内有厨藏，外有泡湢，而珍守宗器，陈饬祭仪，涤洁牲牷各有其所”②。从这段文字记载中，我们不难看出，当时的古林黄氏宗祠规模还是很大的，但基本上是仪门、享堂和寝堂三进两院的五凤楼式建筑。至明末，宗祠正堂颓坏，“族议重造，以崇祯之壬申告竣，庙貌壮观”③。

延至清代乾隆年间，古林黄氏宗祠再度倾圮。于是，乾隆三十年（1765 年），族议进行重建。重建后的黄氏宗祠坐东朝西，整座宗祠为三进五开间，仪门依然为五凤楼式建筑，仪门左右为一对抱鼓石，门前为一对石狮。仪门后为天井，纵深约 20 米，两侧建有廊庑厢房各五间。中为享堂，高耸宽阔，雕梁画栋，拱顶飞檐。出享堂后门为天井，天井尽处即为寝堂，是供奉黄氏

① 民国《歙县志》卷一《舆地志 · 风俗》。
② 崇祯《古林黄氏大宗谱》卷四《大宗祠碑记》。
③ 崇祯《古林黄氏大宗谱》卷一《谱宗祠 · 宗祠图引》。

历代祖宗牌位的场所。如今，这座历经风雨的祠堂仅存一二进厅堂，被异地搬迁至休宁县万安镇古城岩风景区。

婺源县汪口俞氏宗祠也是清代乾隆年间建造的又一处规模宏大、保存完好的徽州宗族祠堂。据载，汪口俞氏宗祠始创于宋大观年间（1107—1110 年），明嘉靖十一年（1532 年）重建。现存汪口俞氏宗祠位于汪口村东，坐北朝南，占地面积 1116 平方米，系清乾隆元年（1736 年）由朝议大夫俞应纶主持建造。整座祠堂建筑群分别由祠堂、花园和书院三部分构成。祠堂为该建筑群的主体，系歇山顶式建筑，共有三进，前后进各五间，中进三间，中间由两个天井所构成的院落相连。第一进为仪门，系徽州典型的五凤楼式建筑形式。第二进为享堂，两侧有直径约 0.5 米的四根石柱支撑。第三进即最后一进为寝堂，由两层楼构成，第一层系饼台，第二层则为阁楼，是供奉汪氏历代祖先神位之所。汪口俞氏宗祠规模较大，气势恢弘，布局严谨。其最显著特色是祠内木雕斗拱、脊吻、檐椽、雀替和柱础，无不考究形制，凡木质构件均巧琢雕饰，有大中小的各种形体和各种图案一百余组。刀法有浅雕、深雕、透雕、圆雕，细腻纤巧，精美绝伦，堪称是清代徽州祠堂木雕建筑的集大成之作。

康熙至乾隆时期，徽州祠堂得到了广泛的发展，达到了巅峰的地步。主要反映在以下几个方面：

第一是数量急剧增多。据乾隆《绩溪县志》和道光《休宁县志》记载，截止到乾隆二十一年（1756 年）和道光初年，绩溪和休宁县境内分别建有各类宗族祠堂 116 座和 294 座。[①] 绩溪和休宁若此，徽州其他四县亦是如此。即使是某一村落，也出现了一村多祠现象，仅歙县江村乾隆年间就有三十座各类祠堂存在。[②] 正如嘉庆《黟县志》所云："新安多故旧，自唐宋以来，中原板荡，衣冠旧族多避地于此。数百年来，重宗谊，讲世好，上下六亲之施，村落家构祠堂，岁时俎豆其间。小民亦安土怀生，虽曩日山贼、土寇窃发，犹能相保聚焉。祠堂始载于嘉靖《府志》，云宗祠，以奉尝祖祢，群其族人，而讲礼于斯，乃仅见吾徽而他郡所无者。"[③] 康熙至乾隆时期，徽州祠堂建

① 根据乾隆《绩溪县志》卷五《祀典志・族祀》和道光《休宁县志》卷二十《氏族志・祠堂》所载祠堂资料统计。

② 参见乾隆《橙阳散志》卷八《舍宇志・祠堂》。

③ 嘉庆《黟县志》卷十一《政事志・祠堂》。

设数量的绝对增加，反映了这一时期徽州经济、社会、文化特别是徽商和徽州宗族的鼎盛发展。

第二，类型更加广泛。经历了明代嘉靖、万历时期的繁荣发展，明末清初的低迷徘徊和清代康熙、乾隆时期的鼎盛发展，徽州宗族的祠堂建设不仅数量呈急剧增加的态势，而且祠堂的类型更加广泛，跨越地域统宗祠、支祠、家祠、家庙和特祭祠等众多不同类型的祠堂拔地而起，并显示出规模宏大、富丽堂皇和日益繁盛的局面。正如乾隆《绩溪县志》所指出的那样，“邑中大族有宗祠，有香火堂，岁时伏腊，生忌荐新，皆在香火堂、宗祠，礼较严肃。春分、冬至，鸠宗合祭，盖报祖功、洽宗盟，有萃涣之义也。宗祠立有宗法，旌别淑慝，凡乱宗、渎伦、奸恶事迹显著者，皆擯斥不许入祠。至小族，则有香火堂，无宗祠，故邑俗宗祠最重”[①]。许承尧在记述《歙县志》中亦云：“邑俗旧最重宗法，聚族而居。每村一姓或数姓，姓各有祠，支派分别，复为支祠。堂皇闳丽，与居室相间，岁时举祭礼。族中有大事，亦于此聚议焉。祠各有规约，族众公守之，推辈行尊而年高者为族长，执行其规约。族长之能称职与否，则视乎其人矣。”[②]祠堂林立，类型广泛，是这一时期徽州宗族祠堂发展的最具典型性特征。

第三，规模更为庞大。与明代嘉靖、万历时相比，清代康熙、万历时期徽州宗族祠堂规模更加庞大，而且这些庞大的宗祠数量更多、规格更高。这主要是由于徽商和徽州科第仕宦在经历嘉靖、万历至明末的繁盛发展后，至康熙、乾隆时期再次强势崛起。徽商在两淮盐业、两浙盐业、典当业、茶叶和其他经营领域全面开花，科第极为繁荣，创造了“连科三殿撰，十里四翰林”[③]的科举佳话。而正是这些富甲一方的徽商的鼎力相助和徽州仕宦的全力支持，徽州的宗族祠堂建设规模更为庞大，世界文化遗产——皖南古村落的黟县西递村，有一座宗祠（已毁）和现存两座规模最大的支祠追慕堂、敬爱堂，都是由当时号称“江南六大首富”之一，拥有“三十六家典当铺”“七条半街”和“家产五百万金”的典当巨商胡学梓的捐助巨资建造的，其中仅

① 乾隆《绩溪县志》卷一《方舆志・风俗》。

② 民国《歙县志》卷一《舆地志・风土》。

③［民国］许承尧：《歙事闲谭》卷十一《科举故事一》，黄山书社 2001 年版，第 355 页。

为创建胡氏宗祠，胡学梓就一次性捐资3859两7分，外加旧料木屑银100两。[①] 创建于乾隆二年（1737年）、落成于乾隆九年（1744年），前后历时七年方才建成的歙县江村江氏宗祠——赉成堂规模十分宏敞，规格相当高大。据江绍莲《橙阳散志》记载，该江氏宗祠"除旧时木石、陶冶外，共用费二万九千一百九十两。堂为楹五，颜曰'赉成'，仍旧额也。堂之后为享堂，以妥先灵；上为诰敕楼，供奉国朝诰敕宸翰暨前代墨宝。堂之前为仪门，再前为大门，额标'济阳'，溯本始也。祠旧有石坊，大书'古良臣'，今移大门之前。自石坊至享堂后壁，纵三十三丈六尺，横十一丈。堂之左为明巷，立甲门二从，形家言也。大门左为更衣盥荐之所，有亭，有阁，有榭，有花木竹石，颜以'树滋'，劝懋修也。再后为厅事，以膺福胙，为祀谷仓，为庖厨，为守祠人栖止处"[②]。由此可见，在徽商和徽州籍仕宦的推波助澜下，徽州宗族祠堂建筑远超明代万历时期的规模与规格，达到了一种巅峰的地步。

第四，祠堂祭祀和维修经费更有保障。康熙至乾隆时期，徽州宗族祠堂不仅在数量、类型、规模和规格上都超越了以前任何一个时期，而且在徽商和徽州籍仕宦的捐助和支持下，祠堂祭祀和维修经费更是成倍增加，从而使祠堂祭祀和维修有了充足的保障。"祠之富者，皆有祭田，岁征其租，以供祠用。有余，则以济族中之孤寡。田皆族中富室捐置。"[③] 歙县江村江氏宗祠建成后，为保证宗族祭祀和维修费用，江承珍一次性捐助购置了祀田、义田百十余亩，"以供祀事，以周贫困"，江允晞也捐助祀田，"以供春秋二祭"。[④]

总之，清代康熙至乾隆时期，徽州宗族祠堂的建造达到了一个巅峰的状态。这既是徽商、徽州科第繁盛的一个集中反映，也是徽州宗族与社会繁荣发展的一个缩影。

3."咸同兵燹"与同治、光绪时期徽州祠堂的重创与重建

经历了康熙至乾隆时期的鼎盛发展阶段以后，随着清王朝盐法的改革和随之而来的鸦片战争，特别是清军与太平军在徽州进行的十年拉锯战（即咸丰、同治兵燹，简称"咸同兵燹"），徽州宗族祠堂受到了严重破坏，一批

---

①《清乾隆五十六年孟冬月黟县西递乐输建造宗祠碑》，原碑现竖于安徽省黟县西递村口。

②［清］江绍莲：《橙阳散志》卷十《艺文志·重建赉成堂碑记》。

③民国《歙县志》卷一《舆地志·风土》。

④［清］江绍莲：《橙阳散志》卷十《艺文志·重建赉成堂碑记》。

规模宏伟、富丽堂皇的祠堂被战火焚毁。对此，光绪《南关惇叙堂许余氏宗谱》云：“自咸丰庚申粤寇窜绩邑，焚掠几无虚日。及同治甲子贼平，各姓祠宇多为灰烬。”[①]同治《黟县志》亦云：“近年兵燹，祠堂存毁略半。”[②]但事实上，黟县在咸同兵燹中被毁的祠堂远远不止一半。据载，咸同兵燹以前，黟县全县共有祠堂404座，而兵燹之后仅剩下104座，祠堂被毁率达74%强，几乎近2/3的祠堂毁于兵燹。[③]“洪、杨起义，由湘鄂蔓延江南以及浙江数省，烽火连天，士农工商不能各安其业，兄弟妻子转徙流难，房屋俱焚，人将相食，后由曾宪将兵戡乱，而生人已十亡其八，所有编简半付红羊矣。……咸同间逃出在外，不知几何。”[④]受创较深的绩溪县旺川村，“自咸丰十年粤匪蹂躏，祠宇被毁，谱籍皆成灰烬。数年间，殁者甚多，无庙可袝”[⑤]。在绩溪宅坦村，龙井胡氏宗族也遭到重创，“洪杨之乱，久战江南，吾乡无一片干净土，公私焚如，百不存一。虽同治中叶大难削平，而疮痍满目，十室九空”[⑥]。

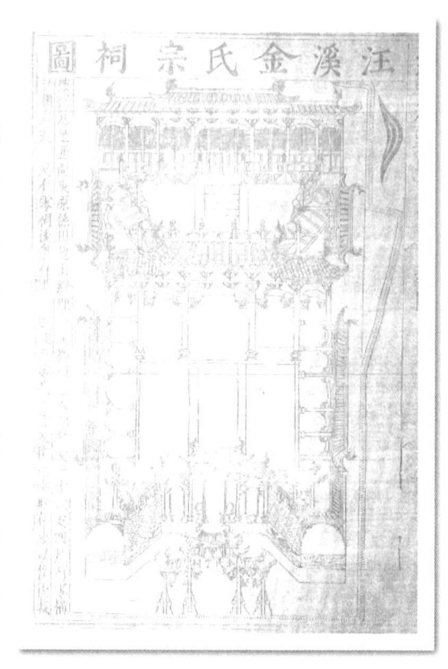

图6-16 建于明嘉靖年间的休宁县汪溪金氏宗祠

咸同兵燹后，徽州宗族开始了宗族记忆的恢复与重建工作，其中除了纂修家谱、整理祭祀和修缮祖墓之外，最重要的就是重建或修缮被焚毁或破坏的宗族祠堂了。毕竟祠堂是祖先神灵魂魄之所和宗族权力的象征。绩溪宅坦胡氏宗族祠堂——亲逊祠刚在道光时期整修一新，但因“乱后宗祠后进全堂经贼残毁”，亟待进行修缮。三十六世胡业（1818—1871年）不忘母亲嘱托，

① 光绪《南关许氏惇叙堂宗谱》卷九《祠堂图附祠堂记》。
② 同治《黟县三志》卷十一《政事志·祠堂》。
③ 根据同治《黟县三志》卷十一《政事志·祠堂》所列祠堂数字统计。
④ 民国《绩邑柳川胡氏宗谱》卷首《历代旧谱序·同治八年胡绍曾序》。
⑤ 民国《旺川曹氏宗谱》卷一《旧序》。
⑥ 民国《明经胡氏龙井派宗谱》卷首《明经龙井派续修宗谱记》。

亲自率领诸弟“出赀专修，躬亲董理，焕然一新。”[①] 不唯如此，胡业之子三十七世胡佩玉（1837—1918 年）还出资整修了亲逊祠前道路，同时又命其子“出赀重建祠碓”[②]。“以助饷平乱授都司衔，晋封三品”的 36 世孙胡道升（1832—？）也加入了秀山亲逊祠的行列。[③]经过整修，至同治十年（1871 年），亲逊祠再次焕发了新姿。绩溪南关许余氏惇叙堂虽未全部毁于战火，但亦“神座壁衣无复存者”[④]。许余氏宗族于是在同治六年（1867 年）对祠堂进行重修，并于光绪元年（1875 年）竣工。

但是，咸同兵燹后，无论是徽商、徽州宗族，还是徽州本土社会与经济都遭受了前所未有的重创，除极个别宗族外，整体上再也无力恢复和建造规模宏大、极尽奢靡的祠堂建筑了。

如今，经过历史的沧桑巨变，徽州历史上曾经数以千计的规模宏敞、精雕细琢和造型精美的宗族祠堂，能够完整遗存下来的只有不到三百座了。尽管这一数字与全国其他地区相比，依然数量宏富。今日所幸被保存下来的祠堂，最著名的有徽州区呈坎的贞靖罗东舒祠、潜口的汪氏金紫祠，歙县的棠樾鲍氏宗祠敦本堂和女祠清懿堂、郑村的郑氏宗祠、北岸的吴氏宗祠、大阜的潘氏宗祠、绍村的张氏宗祠、韶坑的徐氏宗祠、叶村的洪氏宗祠等，休宁的古林黄氏宗祠、溪头汪氏宗祠三槐堂，婺源的黄村百柱宗祠经义堂、汪口的俞氏宗祠、浙源的查氏宗祠，祁门渚口的倪氏宗祠贞一堂、历溪的王氏宗祠合一堂、环砂程氏宗祠叙伦堂、六都的程氏宗祠承恩堂，黟县的西递胡氏支祠敬爱堂和追慕堂、屏

图 6-17 黟县南屏叶氏宗祠奎光堂

① 民国《明经胡氏龙井派宗谱》卷八（一）《龙井宅坦前门相公派》。
② 民国《明经胡氏龙井派宗谱》卷八（一）《龙井宅坦前门相公派》。
③ 民国《明经胡氏龙井派宗谱》卷八（一）《龙井宅坦前门相公派》。
④ 光绪《南关惇叙堂许余氏宗谱》卷九《祠堂图附祠堂记》。

山的舒氏宗祠舒庆余堂、南屏的叶氏宗祠叙秩堂、宏村的汪氏之祠——敦本堂，绩溪的龙川胡氏宗祠、瀛洲和湖村的章氏宗祠、华阳镇的城西周氏宗祠、荆州的明经胡氏宗祠等，是现存徽州宗族祠堂中的著名者。

三、徽州祠堂的布局和规制

（一）祠堂在聚落中的空间布局

作为宗族成员祭祖和议事的公共活动空间，与其他公共空间相比，祠堂在聚族而居的村落等聚落建筑中处于至高无上的地位。因此，它的布局大多位于聚落的中轴线上或村头较为开阔的空间，或依山傍水而建，或地势相对较高之处，以使祠堂建筑地势凸起，在聚落中显示祠堂的威严。还应指出的是，在聚落建筑中，祠堂一般与普通民居保持一定距离，这不仅能够突出祠堂与其他建筑的区别，同时通过祠前坦地或道路街巷，将其与民居等建筑维持一种相互依托的互动关系。

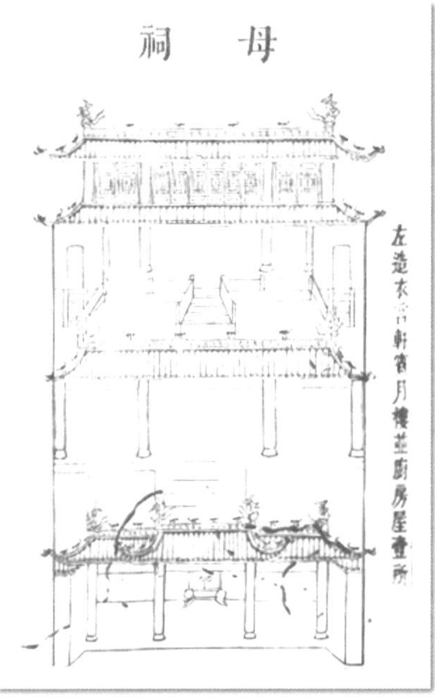

图 6-18 清乾隆歙县王充东源洪氏宗族母祠图

以黟县南屏叶氏宗祠和支祠为例，宗祠叙秩堂，祀始祖伯禧公，系叶氏宗族思聪公派创建于明代成化年间，位置处于南屏村心。“正屋基坐东朝西，系经理称字号，于康熙十三年改造祠楼。乾隆十五年重修，三十九年又重修。乾隆四十三年，殷瑞府邑侯名濬哲以‘安分乐业’匾额表闾。”支祠奎光堂，祀四世圭公，系由叶氏六世祖廷玺公等始建于明代弘治年间，空间位置也是处于南屏村心，坐西朝东，“系经理称字号，于雍正十年改造祠楼及大门。乾隆五十二年，重建前堂，并改门楼”[①]。世界文化遗产——皖南古村落中的黟县西递敬爱堂坐北朝南，处于村落中轴线的中心位置，所有民居通过纵横交错的道路与街巷连接起来，形成一个整体，使村落宛若航行中的巨舟，祠堂则位于巨舟的中心。同样，坐北面南的歙县棠樾鲍氏支祠——宣忠堂，也是位于棠樾村中背山临街之处。再就是呈坎贞靖罗东舒祠，为坐西朝东方位，棂星门与仪门之间，有一条道路穿院而过，作为村民出入呈坎村庄的公共道路。祁门县六都村的承恩堂也是处于坐西朝东位置，祠堂对面为村前的和溪。

从上述文献记载和田野调查来看，在包括村落在内的徽州传统聚落中，宗族祠堂大体上呈现出坐北朝南或坐西面东的布局。但由于徽州地处山区，受地形、地势和周围环境的限制与影响，也有不少宗族的祠堂（含统宗祠、支祠、家庙等）并非按照坐北朝南或坐西面东方位选址和建筑。如歙县北岸吴氏宗祠就不是坐西朝东而是坐东朝西偏南的。类似坐东朝西而非通常坐西朝东的徽州宗族祠堂，还有休宁县汪村镇沅里村现存三进三开间的清代建筑汪氏宗祠世德堂、清代创建的龙田乡桃林村坐东朝西南的张家祠堂等。

那么女性宗祠在聚落空间布局中的朝向如何呢？同男性宗族祠堂一样，大部分有的是单独建祠，成为聚落中的单体建筑，如创建于清代的歙县唐都壶德祠、棠樾的清懿堂等；也有依附于男性宗族祠堂内部，是男性宗族祠堂建筑群的重要组成部分，如位于今黄山市徽州区呈坎村贞靖罗东舒祠内的则内祠等。那么，徽州女性祠堂的坐落与朝向是不是与男性祠堂通常的坐北朝南、坐西朝东相反，呈现出坐南朝北、坐东朝西呢？从现存的歙县棠樾女祠清懿堂坐南朝北和徽州区呈坎村贞靖罗东舒祠内则内坐东朝西的坐落朝向看，通常的女祠多是坐南朝北或坐东朝西的，但并不是所有的女祠都是按照这样的坐落朝向规划和设计的。就规模和规制而言，从现存的棠樾清懿堂来看，徽州女祠的规模与规制丝毫不亚于男性宗族祠堂的建设规模。

（二）徽州祠堂的规制

《礼记·月令记载》，仲春之月，“耕者少舍，乃修阖扇，寝庙必备”。郑玄注曰：“凡庙，前曰庙，后曰寝。”

---

① 嘉庆《南屏叶氏族谱》卷一《祠堂》。

徽州的祠堂规制继承和沿袭了西周以来的宗庙或家庙的规制与风格。

从家谱的记载和现有徽州祠堂的遗存来看，除极少数家庙和祠堂以外，绝大多数徽州宗族祠堂为三进五凤楼式砖木结构建筑。所谓“五凤楼”，主要取“有凤来仪”和“五凤朝天，四水归堂”之意，主要用于祠堂第一进即仪门屋顶装饰，五凤楼有十个角，呈五对展翅之状。五凤楼下正中的祠堂大门，即被称为“仪门”。仪门，亦称“大门”“门厅”“过厅”等，这是徽州祠堂建筑的入口。

第二进为“享堂”“室”“正寝”等。享堂是宗族进行祭祖活动、举行祭祀礼仪和商议宗族大事之地方，是由古代“庙”演变发展而来。

第三进为“寝室”，亦称“寝堂”，是供奉祖先神主牌位的地方。通常，徽州宗族祠堂的寝室中供奉的祖先神位主要有百世不迁之祖以及左昭右穆四亲。明代休宁林塘范氏宗祠寝室供奉牌位的神龛顺序依次为“百世不迁之主嵬然中龛，分支考妣左右享焉”[①]。其图如下：

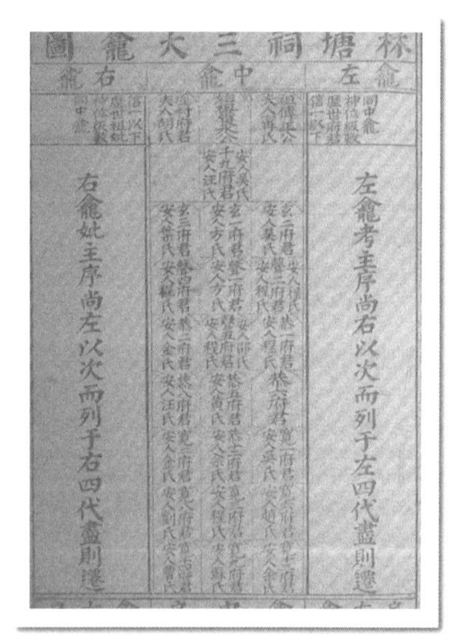

图 6-19 休宁林塘范氏宗祠三大龛图

其实，徽州宗族祠堂建设和使用的理念就是在尊祖敬宗的名义下，“序昭穆、辨尊卑、萃涣散、联属人心”[②]。在徽州人看来，祠堂是一个非常神圣的地方，是祖先的魂魄之所在，“祠，祖宗神灵所依；墓，祖宗体魄所藏。子孙思祖宗不可见，见所依所藏之处，即如见祖宗一般。时而祠祭，时而墓祭，皆展亲大礼，必加敬谨”[③]。

为了加强对祠堂的管理，徽州宗族还制定了非常烦琐而苛刻的《祠规》，对违犯祠规的人员进行严厉的惩处，使祠堂始终保持森严肃穆的状态，以强化宗族的社会控制。

① 万历《休宁范氏族谱·谱祠》。

② 万历《重修休邑城北周氏宗谱》卷九《家训》。

③ 万历《休宁范氏族谱·谱祠·林塘宗规》。

下面，我们仅以清雍正年间休宁县江村洪氏宗族的《祠规》为例，来说明徽州宗族对祠堂的保护与维系。

一、宗祠当时常洒扫洁净，几席无尘，祖灵始安。平常皆封锁门户，无事不得擅开。各家亦不许于祠内私用匠作、堆积物件，并居住优人，以取亵慢之罪。违者，公议重罚。

一、管办祠事，每岁以二人督理，自长而下，依序顺行挨值，不得推诿。祭祀诸物，务必丰洁，以尽诚敬。祭日，支裔毕基，每人给胙肉壹斤。如不到者，罚银叁钱。

一、狂风暴雨，管祠人便须入祠看漏。如有损罅，即议修葺，其费悉于祠匣内出支。任事者须以敬祖为心，务重其事勿忽。

一、祀田，每岁管祠人收租以供蒸尝之用。每年所该官粮，亦系本年收租人完纳。其田乃百世祀产，须世守勿失，不许不肖者轻弃。违者，呈处。

一、元旦，入祠谒祖毕，众序尊卑团拜，每人给大巧饼壹双，族长、斯文加倍。

一、新岁拜坟，年定期初十日。如不到山者，罚银壹钱。

一、每月朔望，祀首清晨开门洒扫陈设，以便支裔入祠拜谒。

一、冠礼，分上、中、下三等，上等五钱，中等三钱，下等一钱。其银交本年管祠人收。

一、新娶妇者，古有庙见之礼，当择吉日，新郎同新妇入祠拜谒。其拜坟俗例，勿行可也。

一、嫁女例接九五色银壹两，其银以存黄石标祀之需，不得生放。今众公议归入祠匣，交管年人收贮。交下之日，查盘交清。如有所失，坐及经手赔偿。

一、生子者，分上、中、下三等，上等壹钱，中等五分，下等三分。其银交管年人收。

一、入主，分上、中、下三等，上等壹两，中等六钱，下等叁钱。其银入匣，预存为修葺之资。该祠首查明交下，毋得侵渔。违例者，逐出。

一、各祖墓山地，不许不肖者盗卖丝毫，其上蓄养荫木，不许擅伐。虽有枯树，亦听其自倒，其自倒之树，收取入众公用。违者，逐出宗祠，仍行呈处。

一、支裔有不忠不孝、烝淫败类及婚姻庆吊与奴隶相为俦伍者，一概逐出。

一、异姓螟蛉养子，不许混入祠堂祀先。如有强挨进者，族长同房长押令扶出。

一、凡支裔取名，不得与前辈同行列讳，则世数不致混淆，亦即所以尊祖也。

阖族公定。[①]

洪氏宗族《祠规》还是相对较为简单的管理宗祠的规约，但已涉及宗族内部事务的管理和规范问题。可以说，明代中叶以后，徽州宗族的《祠规》内容越来越细化，大有取得宗族族规家法之势。正是这些烦琐而严厉的《祠规》，使得徽州宗祠祠堂能够得以遗存至今。

不过，我们也注意到，尽管徽州宗祠的建筑规制主要以五凤楼式的建筑为主，但并非所有宗族祠堂都是按此规制规划、设计和建设的。相比之下，政治地位显赫、经济实力雄厚的宗族祠堂，大都以富丽堂皇的五凤楼式建筑为主，且规模庞大、要素俱全。而政治地位较低、经济实力不济的宗族，其祠堂建筑规制则极为简单。在歙县上丰乡蕃村，一村之内居住的鲍氏宗族和许氏宗族地位悬殊，在祠堂建筑上，鲍氏宗祠为规模宏伟的五凤楼式建筑，祠堂门前场地宽阔。而许氏宗族由于地位较低，仅以规模较小的房屋形式建设，甚至连名称也称为“许氏家庙”而非“许氏宗祠”。对此，我们必须有一个足够而清醒的认识。

总之，徽州祠堂的规制是复杂而丰富的，其规模的大小、规格，与徽州科第兴盛、徽商经营成功密切相关。但无论哪一种规划的祠堂建筑，都体现了徽州宗族报本追远、尊祖敬宗的理念和实践。

---

① 雍正《江村洪氏家谱》卷十四《祠规》。

四、徽州的女性祠堂

明代嘉靖以后，兴起了以男性血缘关系为主的宗族祠堂建设热潮。与此同时，女性宗族祠堂也受到关注并得到一定程度的建设与发展。

女性祠堂俗称“女祠”或“母祠”。在嘉靖年间创建的贞靖罗东舒祠内，罗氏宗族即已同时建立称为“则内”的女性专祠，附属于罗东舒祠堂建筑群中。至清代康熙五十六年（1717 年），歙县潭渡黄氏宗族有感于女性在家庭和宗族中的地位，本着报本追远之意，创建了母祠——壸德祠。潭渡十二世孙黄以正在《新建享妣专祠记略》[1]中指出：

> 母氏之劬劳有倍切者，而吾乡僻在深山之中，为丈夫者或游学于他乡，或服贾于远地，尝违其家数年、数十年之久，家之黾勉维持，惟母氏是赖。凡子之一身，由婴及壮，抚养、教诲，从师、受室，以母而兼父道者多有之。母氏之恩，何如其深重耶！正幼恃母慈，长承母训，以有今日。不幸而不逮养，风木之悲、杯棬之感，未尝少释于心。至王母年二十五而矢志守贞，抚先君子五岁之孤，至五十有八而终，毕生苦节，当未邀旌典之前，先君于易箦之际，谆谆以旌门、建祠二事惟谕。先君子之欲报于王母，与正之欲报于母，其情均也。

正是在缅怀母氏养育之恩的背景下，康熙二十六年（1687 年），在统宗祠落成之后，潭渡黄氏宗族即倡议创建享妣专祠——壸德祠，“丁酉之春，爰集族人共商其事，而叙升诸君皆欣然从事，互相倡和，凡支下之子孙，则听其力之有无与助之多寡，其余皆正任之”。于是，黄氏宗族各支子孙踊跃响应，有钱出钱，有力出力，最后捐款和集资白银三万两，鸠工庀材，进

---

① 雍正《潭渡孝里黄氏族谱》卷六《祠祀》。

图 6-20 歙县棠樾村女祠清懿堂图

行母祠的建设工作，并在康熙五十七年（1718 年）竣工，落成后的壶德祠规模与面积相当宏伟。“为堂五楹，前有三门，后有寝室，与祠门而四。堂之崇三丈五尺，其深二十七丈，其广六丈四尺，前后称是，坚致完好。凡祠之所应有者，亦无不备，阅载而后成，计白金之费三万两。由璋公之先妣而下，敬作三十六世，主诹吉日而奉安于寝室，宝鼎俎陈列，焚燎氤氲，凡属后人莫不欢忭，正岂敢言孝思，亦以慰先君子于泉下耳。”为保证壶德祠的正常运转，黄氏宗族还专门制定了修缮的规则，即“宜时加修葺，毋致为风雨所侵，期以五年，则一加葺，十年则工倍之，成而无毁，隆而不替”[①]。

为进一步深入了解壶德祠的建造过程，我们谨将礼部尚书王掞撰写的《潭渡黄氏享妣专祠记》[②]全文照录于下：

在昔圣王缘人情而制礼，后世行之，凡有可以义起者，皆礼之所不禁也。《记》曰：“礼也者，反其所自生。”言报本也，报本之礼，祠祀为大。为之寝庙以安之，立之祏主以依之，陈之边豆以奉之，佐之钟鼓以享之。登降拜跪，罔敢不虔。春雨秋霜，无有或怠。一世营之，百世守之，可云报矣。其或孝子慈孙之心，犹以为未足，则援所有以及所无，因所生而及所配者，虽出于一时之创举，揆之于义安焉。洵君子所乐道也，若今

图 6-21 歙县呈坎罗东舒祠内的女祠——则内

① 雍正《潭渡孝里黄氏族谱》卷六《祠祀》。
② 雍正《潭渡孝里黄氏族谱》卷六《祠祀》。

潭渡黄氏之新祠是已。

黄以国氏著望于江夏，东晋时，有讳积者守新安，葬于黄墩，子孙家焉。至唐，有孝子讳芮者，庐墓于潭渡，遂望其地。其派下之子孙孝思，自以年甫艾而母氏未登耄耋，早不逮养，孝思罔极，尝捧桮棬而泣，睹遗像而悲，夙兴夜寐，图报其亲。又以王母郑二十余而守贞，抚五岁之遗孤，历三十三年之久。凡今之所有，皆王母一身之所留也。虽已得与旌门之典，而于仰报之私犹有所未伸。更念宗祠所承祀者，自讳璋者之考而下，逮今三十有六世，然皆祀祖而不及妣，历代之配主阙如，诚得作为专祠，则敬其所尊，上祀先妣，世次相承而递至于己之王母与母，庶几可少惬于心矣。于是，咨于族众，佥以为然，则度地居材，程工召役，作祠五楹，外为祠门，次为堂之三门，中为享堂，后为寝室，弘敞洞达，与祖祠相望，丹雘之饰，瓴甋之具，悉皆坚好。其尺度视祖祠有杀而规模无弗从同。既落成，将诹吉纳主，以永世报慈，特因予所知而以祠记为请。

古者，庙制自天子至于命士，降杀以两世而祧。迁祭之日，朝事于堂，馈献于室，左尸右主，阴统于阳。《传》有之“自外至者，无主不立；自内出者，无配不行”，此之谓也。至东汉，而同堂异室之制定，已变于古，万世从之，故后世之言庙者，必曰“府君、夫人共为一椟”，然鲜有专庙者。《周礼》：“大司乐奏：夷则歌小吕、舞大濩以享先妣。”郑注曰：“先妣姜嫄也，特立庙而祀之。”斯其专庙之所昉乎？礼非由天而降，非从地出，人情而已矣。今以孝子慈孙之心不忘其母与王母等，而上之追报，及于世世，同庙而聚主，合食于一堂，补先世之阙，遗兴后人之仁孝。其受享于专祠，犹之配食于群室也。斯亦礼之所不违，而义之所

6–22 建于清康熙年间的歙县潭渡黄氏宗族女祠——壶德祠

允协者耳，又不观之都邑间乎？彼孝妇贞姬、义姑烈女之祠且遍天下，历永久而犹不废，在于异姓。凡有血食者皆宜然，而况于后裔乎？吾知礼成之际，乡之彦士，里之父老，相率来观，必动色称美。凡为姑与妇者闻之，谅无不憬然感动，而自知其人之皆在此列也，必一出于贤慈贞顺，而家道以昌，又不独劝于男子矣。

黄之始望于江夏者，汉孝子也。一传而为郃乡忠侯琼，三传而为阳泉乡侯琬，积善余庆之效，贵至三公，遂为百世著族，而唐之庐墓于潭渡，为今别祖者，又孝子也。乃若今裔孙所为，复出于孝思之不能已，何黄氏之孝踵出于古今之久而未替乎？噫，其可述也已！江以南，大郡数十，惟新安之俗尚礼，其宗祠、茔墓、谱牒之用心多，可为他郡法。今又得黄氏之专祠以为之倡，必有起而效之者，则皆隆于祠祀，报于恩慈，化于仁孝，新安之俗将益臻于醇厚。然非生于佚乐之世，有财以为悦，苟力不足以副心，则亦不暇于举礼矣。予故特原其义之所得为者而记之，所以深为美也。

赐进士出身、诰授光禄大夫经筵讲官、文渊阁大学士兼礼部尚书、前礼兵刑工四部尚书、吏部左侍郎兼翰林院学士年家眷弟王掞顿首拜撰。

清康熙年间，歙县潭渡黄氏所建立的享妣专祠，在徽州的女性祠堂中具有代表性意义。尽管由于种种原因，我们今天已无法见到这所女性专祠的完整原貌，但规模较大、旷敞宏丽的棠樾鲍氏宗族女性祠堂——清懿堂，可为我们了解明清徽州女祠的建设及其规制提供最有价值的第一手资料。

清懿堂建于清嘉庆年间，是由两淮盐商鲍启运捐资建造的。相传鲍启运幼年失母，兄鲍志道又往江西鄱阳县学做生意，家中生活全由其姐维持。为抚养幼弟，姐姐终身未嫁。故鲍启运发达后，为纪念亲姐，专门捐款创建了女祠——清懿堂。女祠竣工后，鲍志道之妻汪氏将积蓄的百余亩田产全部捐赠给清懿堂。

清懿堂位于棠樾村东部、鲍灿孝子牌坊西南方，坐南朝北。全祠规模较大，共由五开间、三进两天井组成，面阔 16.9 米，进深 48.5 米，占地面积近 700 平方米。由西北角入口处进入女祠，依次为仪门、中厅、享堂和寝堂。整座清懿堂建筑群以硬山式马头墙为主要外观特点，后进为歇山式阁楼，寝堂五间九檩。有曾国藩题写的“清懿堂”三字牌匾悬挂在享堂照壁正上方。清懿堂女祠建筑规模在目前遗存的女性祠堂中规模是最大，正座祠堂布局严谨，庄严肃穆，多方清朝表彰棠樾贞节妇女的牌匾悬挂于享堂门楣上方。

明清至民国年间，徽州大量女性专门祠堂的出现和建设，并不表明女性与男性取得了平等地位，相反，它恰恰是女性地位卑下的反映。之所以建设女祠，主要还是为了传承和强调“三从四德”的封建礼教。所以，赵吉士说：“新安节烈最多，一邑当他省之半。”[①] 正是由于封建统治阶级的提倡，徽州妇女的节烈风气才更加深入人心，以至于渐成风俗，“歙为山国，素崇礼教，又坚守程朱学说。闺闱渐被，扇淑扬馨，殆成持俗”[②]。据清末光绪三十一年（1905 年）建成的徽州“孝贞节烈坊”统计，徽州一府六县被表彰的节烈妇女人数多达 65078 人。因此，女祠的建造不能说明徽州妇女地位的提高，而大量遗存的贞节牌坊从另一个侧面揭示了徽州妇女低下的地位。

①［清］赵吉士：《寄园寄所寄》卷二《镜中寄·孝》。
②民国《歙县志》卷十一《人物志·列女》。

第七章

徽州传统村落中牌坊的营建理念与建造实践研究

地处皖、浙、赣三省交界之区的徽州，不仅自然风光旖旎秀丽，举世闻名的世界自然文化遗产黄山和中国四大道教圣地之一的齐云山都坐落在徽州境内，而且文化底蕴丰厚，至今尚存于徽州各地、号称“古建三绝”的古民居、古祠堂等各类文化遗存万余处，牌坊即是其中之一在内。

走进徽州，以粉壁黛瓦马头墙为特色的徽派古民居错落有致。在古朴村落的田头路口、街衢深巷或民居祠堂门前，座座造型各异、巍峨矗立的门洞式建筑，有的甚至是相连成群，从而形成古老徽州一条独特的风景线，这就是享誉中外的徽州牌坊。

作为徽州传统村落中的重要建筑构成要素，这些造型别致、精雕细琢的门洞式建筑——徽州的牌坊，真实地透射出了徽州传统村落昔日的辉煌。

一、徽州的牌坊概述

（一）徽州牌坊的数量与分布

徽州不愧是一个牌坊之乡，小小的六县之地，虽然经历了千年的历史变迁，目前竟然还保留下来自宋以来数以百计的牌坊建筑，这不能不说是一大奇迹。不过，由于文献记载的缺失和田野调查的疏漏，特别是建国以后大量牌坊自然和人为的毁坏，现在我们已经很难统计出徽州历史上究竟兴建过多少牌坊了。毕竟作为一种古老的地面文化建筑，徽州牌坊的历史久远而漫长。更何况历经千百年沧桑风雨的侵蚀和人为的破坏，认真关心过它盛衰兴废命运的人实在太少，因而也就更谈不上文献的确切记录了。或许我们费尽九牛二虎之力都无法弄清徽州历史上曾经拥有的牌坊具体数量，但借助历史上各个时期纂修的徽州府县和乡镇（村）地方志记载，我们还是可以知晓徽州局部地区牌坊的粗略数字。

根据民国《婺源县志》记载，民国以前婺源县共建有包括“文公阙里坊”等在内的各类牌坊 260 座。截止到清嘉庆末年，休宁和绩溪则各有 187 座和 147 座牌坊被保存下来，而直到清同治年间，祁门县还保存有各式牌坊 130 座，黟县的牌坊记载也很不完整，大约能反映出来的只有 65 座（贞节牌坊未计入内）。倒是历史上拥有牌坊数量最多也是目前遗存数量最大的徽州府治歙县牌坊的详细数字，由于地方文献记载的阙如，我们确实难以遽下结论。不过，就是从已有的文献记载来看，徽州的牌坊数量也远远不止这些，如同治《祁门县志》记录该县牌坊为 130 座，其中六都村只记录了 2 座，事实上，在同治年间，六都村实际拥有的牌坊是 15 座（含功名坊 10 座、节孝坊 4 座、门坊 1 座）。所以，要想搞清徽州牌坊的实际数量，其结果只能是徒劳的。

如果就现存的 137 座牌坊而言，歙县则占有名副其实的绝大多数，计有

99 座半（含徽州区），绩溪 13 座，休宁 17 座（齐云山牌坊群合为一个），祁门 4 座，黟县 2 座，婺源 2 座。如果我们到徽州乡村细细探询的话，还会发现一些半座残余的牌坊，应当说它绝不是一个小数字。我曾经在祁门阳坑看到过一些明代的牌坊散落构件，若是将其组合起来，至少可以按原样恢复起一座完整的牌坊来。

图 7–1 休宁县齐云山牌坊

徽州牌坊的历史，经历了由衡门、华表、乌头门和由坊门、雀替复合建构等多个发展阶段，最后于宋代走向成熟。徽州真正意义上的牌坊建筑，事实上也是从宋代才开始出现的。在目前徽州尚存的 137 座牌坊中，就有一座是建于南宋的牌坊，这就是兴建于南宋恭帝德祐元年（1275 年）、坐落于中国历史文化名城歙县富堨乡槐塘村的“丞相状元坊”。这座四柱三间三楼式牌坊建筑，经过明清两朝的多次修缮，至今依然耸立在槐塘村的村头。此外，现存时间相对较早的牌坊，还有建于宋代绩溪县城、标志街巷方位的“中正坊”和建于元代歙县郑村的街巷门坊——“贞白里坊”。

图 7–2 建于南宋的歙县槐塘丞相状元坊

图 7-3 自左至右依次为歙县郑村贞白里坊、绩溪中正坊

明清是徽州文化教育的鼎盛阶段，同时也是徽商最为辉煌的时期，因此，徽州的牌坊在这一历史阶段中兴建得最多，也最为豪华。驰名遐迩的上台元老——歙县许国大学士的八脚牌坊，就是这诸多豪华建筑中的集中代表。至于数量庞大的贞节牌坊，那主要是明清特别是清代乾隆以后的事情了。

（二）徽州牌坊的类型

如果以现存的数量而言，分布于徽州一府六县的牌坊应是全国最多的地区了。其实何止是数量最多。即使是类型，徽州的牌坊也可称是最为丰富的。如果以建造牌坊的质料而论，徽州的牌坊大体有木质、石质和砖质三种，其中尤以石质牌坊数量最多。如以建筑样式而言，徽州的牌坊主要有冲天式和歇山式两种，无论冲天式还是歇山式，双柱单间、四柱三间则是最为常见的类型。至于牌坊的楼层，一楼、三楼和五楼最为普遍。如果从功能方面考察，徽州的牌坊几乎兼具了中国牌坊的所有类型，它们分别是官宦名门、街衢巷道桥梁、书院宗祠、陵墓祠庙、科第功名、军政公德、百岁寿庆、历史纪念，以及仁义慈善、孝子懿行和节妇烈女等张扬与旌表封建道德楷模的各类牌坊。如果从牌坊旌表人物的数量划分，徽州的牌坊还有单坊与总坊的区别。

不管怎样划分，我们似乎都难以概括出徽州牌坊丰富生动的内涵和千姿百态的类型。在徽州，我们永远找不到两座完全一样的牌坊。只是历史的沧桑巨变，大规模的牌坊群只剩下为数不多的几处了。不过，随着各种影视剧的推波助澜和中外游客的蜂拥而至，歙县一组由七座牌坊所组成的棠樾牌坊群似乎一夜之间成为家喻户晓的美丽风景。是的，这组由“义”字坊为中心，依次按“忠、孝、节、义”的顺序，由中心向两边半弧形排列，它们分别是明永乐年间始建、弘治十四年（1501年）重建、清乾隆四十二年（1777年）重修的鲍忠岩、鲍寿松父子的“慈孝里坊”，始建于明天启二年（1622年）、重修于清乾隆六十年（1795年）的鲍象贤“尚书坊”，始建于明嘉靖年间、重修于清乾隆十一年（1746年）的鲍灿“忠孝坊”，建于清嘉庆二年（1797年）的鲍逢昌“孝子坊”，建于清乾隆三十二年（1767年）的鲍文渊妻“吴氏节孝坊”，建于清嘉庆二十五年（1820年）的鲍淑芳“乐善好施坊”和建于清乾隆四十一年（1776年）的鲍文龄妻“汪氏节孝坊”。这七座牌坊囊括了封建儒家思想所宣扬的忠孝节义四大伦理道德，实在堪称是中国牌坊史上的一大奇迹。正如赞美棠樾牌坊群的一首诗所云：“座座牌坊耸白云，精雕细琢艺超群；前朝旌表忠孝节，古迹今朝举世闻。”

图7-4 歙县棠樾牌坊群

徽州牌坊中最为称奇的恐怕要数位于歙县徽城镇的许国八脚牌坊了。明嘉靖四十四年（1565年）考中进士的许国，历仕嘉靖、隆庆和万历三朝，号称“三朝元老”，曾出使朝鲜和平定云南叛乱，万历朝更是被委以礼部尚书兼文渊阁大学士，加封太子太保、少保兼武英殿大学士，诚可谓是位极人臣。万历十二年（1584年），由万历皇帝恩准兴建的许国牌坊落成，这就是雄伟壮观、举世闻名的八脚牌坊。整个牌坊四面八柱，各连梁枋，占地

图7-5 歙县徽城镇许国大学士八脚牌坊

近80平方米。其通体由前后两座三间四柱三楼和左右两座单间双柱三楼的石质牌坊组合而成，八根石柱和横枋细刻团花锦文和祥云仙鹤，以衬托月梁上龙鲤图案。坊上所题之“上台元老”“先学后臣”“大学士”和“少保兼太子太保礼部尚书武英殿大学士”等文字均出自董其昌之手，可谓浑厚遒劲。诚如吴梅颠在《徽城竹枝词》中所云：“八脚牌楼学士坊，题额字爱董其昌。”

至于现存的建于元代的歙县郑村“贞白里坊”、建于清末的歙县“学宫甲第坊”、建于明嘉靖和万历年间的歙县丰口四柱四面石坊、徽城镇许国大学士八脚牌坊和绩溪大坑口“奕世尚书坊”等牌坊，无疑都是徽州牌坊中的精华。

二、徽州牌坊的造型艺术及其文化解读

（一）徽州牌坊的建筑造型和艺术

徽州的牌坊除了少数系砖质和木质结构以外，现在保存下来的牌坊绝大部分是石质结构。下面，我们仅以石质结构牌坊为例，对徽州牌坊的建筑造型和艺术特色作一简单探讨。

徽州牌坊在整体上追求一种张扬的个性，尤其是以高大巍峨和群体矗立的整体特征出现，给人们心理上产生一种强烈的震撼。建国前尚保存的绩溪县城华阳镇南门牌坊群、歙县县城徽城镇牌坊群，以及祁门六都牌坊群等，即是其中的典型代表。目前尚保存完好的歙县棠樾牌坊群（由7座组成）、稠墅牌坊群（由4座组成）、郑村牌坊群（连体3座）等，集中反映了徽州牌坊群的整体特征，是我们研究徽州牌坊群体建筑最具代表性的个案。

除歇山阁楼式和冲天式两大平面造型外，徽州牌坊在造型上曾经在明代中后期出现过“口”字形的立体式结构。建于明代嘉靖年间的歙县丰口村丰乐河岸边台宪坊就是一座典型的“口”字形牌坊。该牌坊共有四柱，东西南北四面均为二柱三楼式结构，柱下有础，不使用靠背石作支撑，四面相连，

形成一个整体，远看更像是一座石亭。“口”字形四脚牌坊——台宪坊的出现，是徽州牌坊造型上的一个重大突破。这种立体式的造型，为万历年间徽州府城歙县许国大学士坊所继承和发展。许国大学士坊突破了台宪坊的四脚结构，转而采用八脚八柱，俯瞰依然是“口”字形平面，东西南北四面则做成四柱三楼冲天式。许国石坊可以说集中代表了徽州牌坊建筑造型和雕刻艺术的最高成就。但遗憾的是，这一“口”字形牌坊造型，并没有在以后徽州牌坊中继续得到继承和弘扬。其中原因当然很多，但封建王朝法式的限制和费用的不菲，显然是其未能得到进一步发展的直接障碍。

图 7–6 歙县丰口四角牌坊

就徽州石坊单体的细部结构而言，其所显现的时代和地域特征极为显著。体现在斗拱、柱枋和屋顶等结构上，徽州牌坊有明显的地域特点。我们知道，石坊脱胎于木构建筑，而斗拱是木构建筑的最基本要件之一。徽州早期的石坊刻意模仿木构建筑斗拱技术，并渐渐简化，形成偷心拱板、正心置花板的基本样式。这一过程大体出现在明代成化至正德年间，建筑于这一时期的歙县徽城镇尚宾坊、潭渡旌孝坊和郑村的忠烈祠坊，即是其中的典型代表。随着时间的推移，斗拱的具体构造也在不断地演进，其中经历了从整体雕凿到分块拼装的过程。至万历年间，这种分块拼装的技术逐渐成型，许国大学士坊是这一技术日臻成熟的标志。该坊以平身斜科中板与坐斗分块雕凿，正心方向瓜拱及花板由另石嵌入，角科只保留与正心瓜拱相列的外侧拱板，不使用角拱板。发展至清代，拱板则改用一石制成，结构更为合理。牌坊石柱在明代中叶以前，皆使用方柱抹角，而至明万历以后，抹角逐渐缩小，至清代几乎一式为柱。支撑石柱的背靠石，可以说是维持石坊横向稳定的必备构件。徽州石坊从屏风的托脚设置中获得启示，故明代早期石坊采用雕日月卷象鼻格浆腿支撑柱子。明代中后期石坊的背靠石则逐渐简化，一般石坊仅用素板，明中叶还出现以圆雕石狮代替背靠石的办法，但因蹲狮形体不利于支撑石柱，因此石坊每面石狮至少采用一对作倒立状，使其尾部达到一定高度，以维持石坊的平衡与稳固。或者采用一对蹲狮和一对背靠石共同支撑。关于额枋，早期石坊上下额枋多作矩形，略呈琴面，明代后期模仿木构建筑中的月梁，使额枋的琴面抬高，梁略起拱，梁肩有明显卷杀。关于雀替做法，则几乎与木构建筑无异，清代石坊的雀替更是变成了纯粹的装饰。至于石坊的顶部，早期多作悬山屋顶，模仿木构建筑形式折作平缓曲线，由一石或二石拼成，上刻瓦垄、勾头、滴水，下刻檐椽、飞椽。明中叶石坊流行歇山顶，屋面呈折板状，下部檐板坡度较平，上部金板较陡。万历以后，屋顶勾头、滴水之类的雕刻大都省略，仅在檐下留一连檐线脚。

图 7-7 歙县许村薇省坊

徽州石坊造型之恢弘、构造之精巧、雕刻之精致，是同一时期其他地区所罕见的。徽州石坊大都施以仿木结构建筑彩画的雕饰，借助画面的凸凹取得光影效果，这种建筑风格源自宋代李诫的《营造法式》。石坊雕刻画主要集中在上下额枋上，明间的下额枋是最主要部分。其构图分为枋心与藻头两部分，明代中叶以前尚不明显，中叶以后开始明确分界，出现了弯曲的叉口线。藻头部分为适应横梁的变化，在如意头与枋心之间增加一组琐文图案，长度可以自由调整，使两端藻头与枋心之间比例占据额枋的三分之一强，接近清代彩画的风格。石坊上的雕刻图案内容多为花鸟虫鱼，中间几乎为清一色的双狮戏珠、凤穿牡丹、麒麟耀日之类的吉祥画面。石坊彩画还施于平板枋及柱础，云纹图案是最经常采用的图案之一。冲天柱雕云纹、仙鹤。至于雕刻技艺，则根据时代和石料的不同而略有差异，明中叶以前石坊多用砂岩制作，因砂岩质地较软，故雕刻多用高浮雕和圆雕形式。明中叶以后至清代，石坊多采用灰凝质石料即茶源石，质地较硬，强度较高，因此雕刻亦主要为浅浮雕。徽州石坊的彩画构图严谨，图案典雅，刀法稔熟，线条明快清晰，其光影效果更佳。另外，由于徽州牌坊的题字大多出于名家之手，因此，其艺术价值很高，或者说，徽州牌坊的题字本身就是一种品位很高的书法艺术品。如许国大学士坊的题字为书法家董其昌所书，艺术价值较高。

总而言之，徽州牌坊的建筑造型和艺术审美价值是很高的，作为一种重要的建筑文化遗存，徽州牌坊值得我们研究的内容很多。它所透视和折射出的徽州文化的内涵亦极其丰富。对此，我们很有必要在徽学研究中加以重视。

（二）徽州牌坊的文化解读

徽州牌坊是徽州文化的集中反映，就像我们大家所知晓的那样，牌坊所表彰的都是具体的人或人群（如"贞孝节烈总坊"就是集中旌表的节孝、节烈、孝贞和贞烈等四类女性群体的总牌坊）。因此，不管你承认与否，每一座牌坊背后都拥有一个动人或者辛酸的故事。这些故事中所隐藏的深刻内涵，岂止是反映了徽州文化，它甚至折射出了中国的封建社会以儒家思想为核心的传统文化。

许国位极人臣，享尽人世间的荣华富贵，由他本人亲自主持动工兴建的全国绝无仅有的八脚牌楼——"许国大学士坊"，巍然耸立在徽州府治阳和门外，那份骄傲与自豪，相信不仅许国自身能体味到，而且徽州府六县乃至许国的故交好友都能体会到。再看竖立在绩溪大坑口村口的胡富、胡宗宪"奕世尚书坊"，那四柱三间五楼式的精美牌坊，其建造的时间——明朝嘉靖四十一年（1562年），正是胡宗宪声名显赫、率领御倭大军捷报频传的时候。

位于歙县槐塘村西口的"龙兴独对坊"，是明正德年间朝廷为槐塘儒生、紫阳书院山长唐仲实所立。唐仲实于元末朱元璋攻下徽州后向朱元璋独献对策，深受朱元璋嘉许，但仅赐以布帛而已。在朱元璋夺取天下、建立明朝后，唐仲实并未得到特殊的恩宠和重用。只是到了正德时期，朝廷才突然想到他，于是，徽州知府张芹、歙县知县魏谧，方与巡抚右副都御史李克嗣、直隶巡按胡絜等受命兴建此牌坊，并将唐仲

图7-8 绩溪龙川奕世尚书坊

实与朱元璋对话的文字镌刻在牌坊横枋上方的龙凤牌上。

图 7-9 歙县槐塘龙兴独对坊

至于遍及徽州各地的科举功名牌坊，如位于今徽州区唐模村的“同胞翰林坊”、歙县雄村的曹文埴“四世一品坊”、歙县县城徽城镇的“吴氏世科坊”和“江氏世科坊”以及绩溪冯村的“大夫坊”等，所有这些所谓科第功名以及“古紫阳书院”等牌坊的大量兴建，其实正透视出徽州重视教育、文化教育事业兴旺发达的深层次内涵。所谓的“十户之村，不废诵读”，正是徽州文化教育发达的真实写照。不过，最能反映徽州下层妇女深受封建伦理纲常残害的还是数量庞大的各种贞节牌坊，以及由这些牌坊所隐含的徽州文化中的宗族与商人特质。走过绩溪县城华阳镇的北大街，有两座耸立在街边的牌坊格外惹眼，这就是建于明代分别旌表胡洪炬妻程氏与胡成相妻方氏的贞节牌坊——“光昭彤史”和“节凛冰霜”坊。其实，在徽州现存的 137 座牌坊中，仅节孝坊就有 33 座。正如三百多年前一位学者指出的那样，“徽州节烈最多，一邑当他省之半”，此言诚不为诬也。在徽州的地方志的《列女传》中，类似“汪门二烈”“周门双节”“江门三节”“郑门五节”和“许门四节”等节妇烈女，实在是太多太多，简直是到了不可胜数的地步。以歙县为例，明清两代仅被皇帝下诏旌表的节孝、节烈、孝贞和贞烈等节烈妇女就高达 31952 位，至于大量没有得到表彰的节烈妇女，其人数几乎是得到表彰的十余倍。因此，在徽州，由于拥有雄厚经济实力徽商的推波助澜，明清两代旌表节烈妇女的程序相当健全。每年乡、县、府和省到

图 7-10 歙县许村贞节牌坊

中央礼部，都严格履行程序逐级申报，直至皇帝恩准。我们见到一份光绪五年（1879 年）印制精美的《歙县学报》，这就是申报获准旌表建坊的叶延俊之妻吴氏之原始资料。其实，我们稍微动点脑筋想一想，如果没有富甲一方的徽商资助，如果没有宗族的推波助澜，徽州是否有可能真的会出现那么多节烈妇女，是否真的有财力建立起那么多贞节牌坊呢？

图 7-11 位于绩溪县北大街路旁的“光昭彤史”和“节凛冰霜”贞节牌坊

第八章

徽州私塾和书院建筑的理念和实践

一、明清村族塾学和书院教育

（一）村族塾学教育

在东汉末年至南宋初年大规模中原地区移民徙入之前，徽州是山越人的聚居地，属于相对极为封闭而落后的山区。迁徙入徽的世家大族不仅“聚族而居”，保持和强化组织严密的宗族体系，而且秉承文化传统并重视教育，“崇儒尚教的优良传统，特别重视文化教育，走读书仕进、科甲起家之路”[①]。中原世家大族所带来的先进的科技与文化，不仅推动了徽州山区经济的开发，而且对徽州文化的发展也起到了重大的促进作用，渐次使徽州这块鸟语之地兴起了崇文重教的传统风习，所谓“尚武之风显于梁陈，右文之习振于唐宋”[②]。“自南渡后，师友渊源，得所从受，故士多长于谈经”[③]，南宋陈之茂在休宁做官讲学时，“邑人争从讲学，户内人满，每坐户外”[④]。南宋以后，徽州教育的发展与兴盛深受朱熹理学影响，“唐以前尚已，粤宋以来，天下郡学莫著于新安。新安之学之所以著也，曰朱子故也”[⑤]。朱熹祖籍徽州婺源，其父曾就读于州学，常以“新安朱熹”自称，曾两次回徽州省墓并亲自

① 栾成显：《元末明初祁门谢氏家族及其遗存文书》，周绍泉、赵华富主编：《’95 国际徽学学术研讨会论文集》，安徽大学出版社 1997 年版，第 48 页。
② 民国《歙县志》卷一《舆地志・风土》。
③ 康熙《休宁县志》卷一《风俗》。
④ 康熙《休宁县志》卷七《职官》。
⑤ 光绪《婺源县志》卷五十七《艺文志三・重修庙学记》。

聚徒传学，对徽州文教影响极大，“近代以来，濂洛诸儒先继出吾邦，紫阳夫子集厥大成，揭晦冥之日月，开千载之盲聋。于是六合之广、四海之外，家诵其书，人攻其学，而吾邦儒风丕振，俊彦之辈出，号称‘东南邹鲁’，遐迩宗焉”[①]。“自唐宋以来，卓行炳文，固不乏人，然未有以理学鸣于世者。至朱子得河洛之心传，以居敬穷理启迪乡人，由是学士各自濯磨以翼闻道。”[②]受朱子讲学的影响，徽州村族热衷于办学，“自井邑田野，以至于远山深谷，居民之处，莫不有学、有师、有书史之藏。其学所本，则一以郡先师子朱子为归。凡六经传注、诸子百氏之书，非经朱子论定者，父兄不以为教，子弟不以为学也。是以朱子之学虽行天下，而讲之熟、说之详、守之固，则惟新安之士为然。故四方谓‘东南邹鲁’”[③]。

私塾、社学、义学、学校、书院等各类教育机构的兴起，有力地促进了理学在徽州的进一步传播。明清时期徽州商人以“儒商”著称，在“贾为厚利，儒为名高”的思想指导下，徽商重视子弟的教育。在徽州人的理念中，“人家虽贫，切不可废诗书”[④]，因而，各个家庭几乎都对子女教育给予了特别的关注，有的甚至不惜在家族的族规家法中予以强调。如休宁茗洲吴氏家族就在《家规》中明确要求：“子孙自六岁入小学，十岁出就外傅，加冠入大学。当聘致明师，训饬以孝弟忠信为主，期底于道。若资性愚蒙，业无所就，令习治生理财。”[⑤]歙县沙溪商人凌珊，“早丧父，弃儒就贾……恒自恨不卒为儒，以振家声。殷勤备脯，不远数百里迎师以训子侄。起必侵晨，眠必丙夜，时亲自督课之。每日外来，闻咿呀声则喜，否则嗔，其训子侄之严如此”[⑥]。同时，凭借财富优势，积极资助与发展教育，广设义学，族谱、志书中的记载材料颇多。如明代歙县商人范信，“建义学，族中子弟俊秀者加意培植，俾读书成立”，清婺源人汪思孝“置十五亩开义塾，延师以训贫子弟之不能教者”[⑦]，

①［明］程敏政辑撰，何庆善、于石校点：《新安文献志》卷十六《汪环谷·万川家塾记》，黄山书社 2004 年版，第 404 页。

②光绪《婺源县志》卷三《风俗》。

③［元］赵汸：《东山存稿》卷四《商山书院学田记》。

④民国《吴越钱氏七修流光宗谱》卷一《家训》。

⑤雍正《茗洲吴氏家典》卷一《家规》。

⑥［清］凌应秋纂：《沙溪志略》卷四《文行》。

⑦道光《徽州府志》卷一《人物志·义行》，清道光七年刻本。

黟县商人舒大信，“修东山道场，旁置屋十余楹为族人读书地”①。徽州村落文化教育经由氏族移民的影响、朱熹理学的昌明与徽商的推动，逐步发展至繁荣。

图 8-1 歙县棠樾鲍氏私塾——存养家塾门额

明清徽州村落蒙学教育主要是社学、塾学与义学。社学主要是官办的蒙学机构，为方便乡社之民就学，从而达到教化之功德。塾学与义学是民间自行创办的蒙养教育机构，由于徽商的鼎力支持，是明清徽州村族蒙学教育的主体。塾学又称“私塾”“塾馆”“书塾”等，是明清时期徽州村落广泛设置的由私人经办的蒙学教育机构。从设置情况看，有族塾（村塾）与家塾之分，顾名思义，族塾（村塾）建馆是为了一村一族子弟课业，家塾则是延请教师在家设馆教授子弟，徽州向来重视教育，不惜花费巨资“各自延师训悔子弟”②。私塾还有一种情况是塾师自己设馆，招收附近学童就读。义学又称“义馆”“义田”，由徽商买田、置屋、捐资创办，主要是为了宗族或乡里贫困子弟提供受教育的机会，不受束脩，还提供膏火之费。如歙县呈坎商人罗元孙，“敞构屋数十楹，买田百亩，以设义塾，以惠贫宗”③，清休宁人吴国锦，“择其俊秀者，助以束脩膏火之费，使竟能学”④。

明清徽州村族高度重视蒙学教育，“家之兴，由于子弟贤，子弟贤，由于蒙养裕”⑤，为保证启蒙教育的质量，一是延请明师授课，如明休宁吴次公，“就冯山筑精舍，延诸荐绅学士，礼以上宾，命诸子弟师事之，供具唯谨”⑥。二是提供经济保障，徽州村族族产中的一部分专门用于开办义塾、书院及资助贫寒子弟入学，如歙县潭渡黄氏，规定族产中一项用度，

①嘉庆《黟县志》卷七《人物志·尚义》。
②弘治《徽州府志》卷五《学校》。
③康熙《徽州府志》卷五《人物志·尚义》。
④光绪《婺源县志》卷三十五《人物志·义行》。
⑤民国《济阳江氏金鳌派宗谱》卷首《江氏蒙规》。
⑥［明］汪道昆撰，胡益民、余国庆点校：《太函集》卷五十六《吴田义庄吴次公墓志铭》，黄山书社 2004 年版，第 1178 页。

“开支修脯，敦请明师，开设蒙学，教育各堂无力读书子弟”①，有些村族专门设置学田，其收入专门用于资助族内子弟教育与科举支用。如休宁古林黄氏宗族，“课子孙，隆师友，建书舍为砥砺之地，以学田为膏火之资”。三是对宗族子弟学业的考核。为了保证学习效果，有些宗族还制定了考核制度与奖惩制度，如绩溪宅坦胡氏宗族规定，“凡攻举子业者，岁四仲月，请齐集会馆会课，祠内支持供给。赴会无文者，罚银贰钱；当日不交卷者，罚壹钱，祠内托人批阅。其学成名立者，赏入泮贺银壹两，补廪贺银壹两，出贡贺银伍两，登科贺银伍拾两，仍为建竖旗匾，第甲以上加倍。至若省试，盘费颇繁，贫士或艰于资斧，每当宾兴之年，各名给元银贰两，仍设酌为饯荣行。有科举者，全给；录遗者，先给一半，俟入棘闱，然后补足。会试者，每人给盘费拾两”②，以此激励族中子弟学习的积极性。

图 8-2 黟县宏村汪氏私塾——以文家塾（南湖书院）

① 雍正《潭渡孝里黄氏族谱》卷六《祠祀》。
② 民国《明经胡氏龙井派宗谱》卷首《明经胡氏龙井派祠规》。

私塾等村族蒙学教育设施是明清徽州村落中重要的公共教育机构。从文献记载来看，私塾规模通常较小，有的依附于祠堂，有的则为宅第的一部分。总的来说，“社学、义学与塾学是明清徽州的初等教育机构，是明清徽州府学，县学和书院教育发展的基础与补充”[①]。其实，徽州义学与塾学也有层次之分，“义学、经馆必须文行兼优者，蒙学亦择端方正直者，于祠堂后进屋读书，造就子弟”[②]。经馆要求有一定的文化积累，但书院依然是徽州村族较高层次教育机构的主流。

（二）书院教育

宋代以来，徽州书院教育发达。早在北宋时期，绩溪宅坦村胡氏宗族即建立了迄今为止安徽省历史上最早的书院——桂枝书院。明代中期，官学管制较初期松弛，理学家们为革除时弊，纷纷收徒讲学，弘扬学术，徽州书院教育与讲学活动更加繁荣，“有明以来，士尚礼义，言规而行矩，而讲学明道之儒，吾乡为尤盛，六邑皆有书院”[③]。也不例外，“自明世宗朝（嘉靖），六邑迭主斋盟”[④]。各县轮流主持会讲，《还古书院志》记载建造缘由时反映了这一点，“嘉靖中，南海、东越、西江言学六七君子结辙而入新都，过海阳，递式阙里，六邑之士多就之者。紫阳讲诵之风，视洙泗河汾埒也。邑大夫祝公，雅修性命之学……四方士人，跋涉山川而辏境内，讲学盟会废且二十年，而创举中兴，有若更始，于是书院之议起”[⑤]。《安徽书院志》大致记载徽州六县 64 所书院建造情况，其乡村书院多为讲学肄业之所。

图 8-3 歙县古紫阳书院

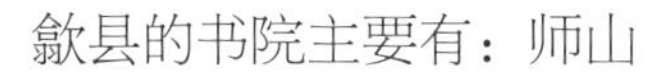

歙县的书院主要有：师山

① 李琳琦：《徽州教育》，安徽人民出版社 2005 年版，第 100 页。
② 嘉庆《歙西溪南吴氏世谱》卷首《凡例》。
③ 康熙《徽州府志》卷七《营建志上学校 · 书院学产附》。
④［清］施璜辑：《还古书院志》卷三《院宇制考》。
⑤［清］施璜辑：《还古书院志》卷十四《邵庶 · 创建还古书院碑记》。

书院位于郑村师山，“元郑玉门人鲍元康等以受业者众，玉所居不能尽容，乃相與即其地为之”；西畴书院在歙县棠樾，“宋鲍寿孙，元曹泾、方回，先后讲学其中”；三峰书院在槐塘，“唐仲宝讲学地”；初山精舍在石耳山，“曹泾讲学地”；南山文会在岩镇，明郑佐等人倡建，“萃里士会文于此”；凤池书院在深渡，“姚琏讲席”；友陶书院在丛睦，“汪维岳入元不仕，以渊明自况，读书吟啸其中”。[①]

休宁县的书院主要有：还古书院在古城万安山，明万历年间“依山叠石而成”，为课徒讲学之所，清重建后仍“集士子讲习其中”；半溪书院在率口，明成化年间由程氏家塾发展而成；西山书院在会里，建于宋，大儒程大昌讲学处；商山书院“为南乡讲学之所”；秀山书院在藏溪村，“为私立讲学之所”；柳溪书院在城内西街，“宋儒汪叔耕讲学处”；天泉书院在东亭，明大儒“湛若水讲学处”。

图 8-4 歙县雄村竹山书院

婺源县的书院主要有：阆山书院在阆山，明余懋衡讲学处；虹东精舍在虹井东，建于明，“士子讲肄焉”；太白精舍在潘村，“潘氏族合族建，置

① 民国《歙县志》卷二《营建志·学校》。

田百亩，以资来学"；湖山书院在南乡太白司前，初"元胡双湖先生讲学于此"；崇报书院在正东门大街；天衢书院在北乡，"明翰林学士广同讲学于此"。

祁门县的书院主要有：东山书院在县治祁山镇东眉山，建于明正德末年，"集诸生讲肄"；神交书院在阳坑，建于明嘉靖年间，系为纪念著名心学家湛若水而建；窦山书院在六都，建于明嘉靖年间。

黟县书院主要有：集成书院在黄村，系元至正十一年（1351 年）黄真元捐修，"立义庄曰厚门，内建义学曰集成书院。所以教其族中子弟也"；中天书院在七都鱼亭，"明诸儒讲学处"；林历书院在五都林历山，"诸生讲学处"。

绩溪县书院主要有：东山书院在城内县治东，明参政胡有明建，"以课其一族子弟"；浣溪书屋在浣纱溪，系明郑汝砺讲学处；光斋书屋在新西街，为明周颂讲学处；石丈斋在儒学右，系明万应秋讲学处；云谷文会在太古，"合族捐田，按月课士"[①]。

二、徽州书院建筑——以休宁还古书院为例

（一）规划选址与环境特色

书院作为文人儒士课徒和讲习之地、明道经学之所，需能"游目骋怀"，其选址布局、建造特征与环境布置既要符合讲学的标准与要求，又要体现读书人寄情山水的审美意趣与人生理想。徽州好风水之说，书院建设更是重视环境的选择。从方志的记录来看，相对于县学处于城镇中心位置，书院建筑在交通与交流的便捷外，特别重视环境的作用，多分布于山林、"显一方灵气所钟"[②]的幽静形胜之地，宜于潜心读书治学。

还古书院创建于明万历二十年（1592 年），是休宁众多书院中规模最大、

① 吴景贤：《安徽书院志》，赵所生主编：《中国历代书院志》第 8 册，江苏教育社出版社 1995 年版。
② ［清］施璜辑：《还古书院志》卷二《形胜》。

影响最深的一座，位于古城岩（万岁山），“与紫阳书院并称者”[①]。还古书院的选址是经过三卜才确定位置，“始卜白岳诎儒术隼道家，再卜凤湖溷静居而迁嚣市，不佞悉革，其议从形家者，圭测而得古岩”[②]。白岳齐云山为道家重地，凤湖为市井之地，过于喧闹，古城岩则是闹中取静，“语清旷而远市嚣，语井烟则谢幽僻，山之脉蜿蜒驯伏而来，回环中辟，象山拱而左，浮屠峻峙，狮山抱而右，文昌阁阁焉，齐云诸山远近环列，汶溪之水委屈而周，岩麓石梁亘其下流，台谢丛祠掩映上下，岿然一胜区也”[③]。就规划选址而言，还古书院可谓是钟灵毓秀之地，“古城左麓山传万岁具狮蹲象舞之雄，谭注千秋得鱼跃鸢飞之趣，神皋耸拔依稀笔蘸青天，文阁崔嵬，仿佛云联碧，既迂回而共赴汇七派于山前，亦安固而能敦钻一邑之水口”[④]。首先是选址完全符合风水要求：坐落古城岩狮之下，依山而建，背靠青山，层层拔高，前临横江，视野开阔，整体建筑显示磅礴之势。其次，古城岩自然环境优美，汶水绕流，黄白诸山环列，“寿山初旭为海阳八景之首”[⑤]，学子们置身于如此清静的环境中，“踞石无尘心更静，观鱼或跃乐忘忧”[⑥]，适合安心读书做学问，并将道德修养、知识学术与寄情山水的审美意趣融为一体。三是人文环境璀璨：有汪王故宫、兑卦石、神皋、文昌阁、引石等，“笔蘸青天之势”[⑦]的神皋和浮于水面的印石，对于读书人来说，更是祥瑞的象征。

（二）基本建构与建筑布局

古代书院的主要功能是讲学授徒、藏书与祀奉，讲堂、藏书楼、祠堂和斋舍等建筑是书院建筑的主体。自宋至明清，书院建筑经过长期的发展，空间设置、功能划分等基本形成了一整套规范。按照徽州传统建筑的对称布置原则和礼制的遵循，书院建筑同样是按照中轴线对称的原则，一般为三进到五进。还古书院虽是官倡创办，但仍属于民众办学性质，基本构建与建筑布局具有徽州书院建筑的共性。

---

①［清］施璜辑：《还古书院志》卷十四《还古书院志藏板记》。
②［清］施璜辑：《还古书院志》卷十四《邵庶・创建还古书院碑记》。
③［清］施璜辑：《还古书院志》卷十四《祝世禄・创建还古书院碑记》。
④［清］施璜辑：《还古书院志》卷十九《吁县公呈》。
⑤［清］施璜辑：《还古书院志》卷二《形胜》。
⑥［清］施璜辑：《还古书院志》卷十六《还古集讲偕诸同志溪上散步》。
⑦［清］施璜辑：《还古书院志》卷二《神皋》。

还古书院依山而建，而台阶升则而上，初为四进：

第一进为门厅，三楹式，中间是书院创建者祝世禄题写的擘窠大字“还古书院”，两百年楹联“世道今还古，人心欲归仁”[①]，点明还古书院名称的由来与教育主旨。

第二进是讲堂“归仁堂”，三楹式，“列坐可数百人”[②]。徽州讲会制度兴盛，主讲坐席，其他学者环列以听，还古书院之所以能与紫阳书院看齐，很大程度上源于讲会的规模和影响较大，明代共举行新安大会七次，每次会期十天，来归仁堂听讲会者数百上千人。相传祝世禄经常亲临讲会，“及登讲席，环列几千人，先生高谈名理，善譬喻，听者莫不悚然”[③]。施璜所提的楹联，“座中谈论人可圣可贤必须好古发奋，日用寻常事即性即天务要切己精思”，道明了讲学的精神内涵。

第三进为德邻祠，五楹式，“祀邑之主先哲”，为整个书院中心，左边有八面亭、中台阁，右边有斋舍。

第四进为报功祠。另有辅助建筑“祝公祠”，三楹式，奉祀创建者祝世禄。清康熙年间，中台阁改造为五间平楼，后称为“干城祠”，供奉诸有功先贤，祀奉对书院有重大贡献的人。[④]

（三）建造过程

首先是肇基，即动工破土。在破土时选吉时，致吉词，有时候动工时还有“抛砖歌”。还古书院是由创建者祝世禄“取土”，专门迎接登齐云山的许相国颖阳致词，云：“基初辟而我适来，愿如我衣，一鹤出一圣贤，绳绳相承，以为斯院。”[⑤]

其次是“创造课督”，即建造的过程管理。还古书院从规划到建造，以及后来维修，一直有专人负责，并有明确分工 。创建布置出自查云洲；综其大计则是邵中庵；“次茅于场”，每日现场督工的是汪石滨。入清以后，还古书院的维修基本都设有专人“督理”“襄理”。[⑥]

---

① [清] 施璜辑：《还古书院志》卷三《门堂次第》。
② [清] 施璜辑：《还古书院志》卷三《院宇制考》。
③ [清] 施璜辑：《还古书院志》卷八《祝石林先生传》。
④ 参见 [清] 施璜辑：《还古书院志》卷三《院宇制考》。
⑤ [清] 施璜辑：《还古书院志》卷三《书院肇基》。
⑥ [清] 施璜辑：《还古书院志》卷三《建造课督》。

最后是“上梁”，即完工。“谨择吉时良辰，会观上梁立柱”并撰写梁文，表达对房屋建成的一种颂贺。上梁文一般首尾用骈文俪语，说明修建缘由，中间是按东西南北上下各赋诗三句，表达对新居的良好愿望。[①]

（四）明清徽州书院建筑的维系

明清以来徽州书院建筑基本为木结构建筑，因为长期受到虫蛀、白蚁、雨水和火宅的困扰，而书院的财产主要来源于田地、产业、租利等，因此，书院建筑需定期进行维修，而修缮经费又是一笔不菲的开支，院产一时无法支付，不得不依靠个人和社会捐输来筹集。

还古书院创建时院田、租息颇丰，后经历两次毁灭性破坏，不仅书院建筑基本无存，院产也基本罄尽。复建后，“吾邑还古书院会讲由来已久，前人设立章程，本属善美，其置田收租以备会用修理之费”[②]，不间断自然灾难与自身坏败导致的建筑维修一直困扰着司理书院院务的司务。汪晋徽指出：“还古书院亦颓坏，将来为我辈切己之事，曾与相知极言，必得经久之计……将书院前后督修整葺，兴起后学以竟生平未了之志”[③]，施璜认为，“修葺还古书院为吾邑最关系之事，不可迟缓”，并指出“一人独修实难，不如随力捐助之易”[④]，聚众募捐资金，共襄修葺盛举是他们维系书院的共识。从《还古书院志》来看，从最初的建造到维修改建，维系书院建筑修缮的经费主要来源于个人和社会捐助。

还古书院道光年间形成七条维系“规条”，其中第一条是定期修检，“院宇自今修后，定于每年收租之时司年者预约工匠捡漏通沟，三五年间通行翻盖，添瓦并详看各处细加修葺以免霉烂而图永远”；第六条是关于修造捐输者，“凡有修造捐输者均于落后，公共查核续刊入志，嘉庆乙亥重修后延未纂辑汇刊之志，仅特查照补入以彰前功，以风后起嗣后，凡有修造捐输者务须按照成规随时刊入，永垂不朽”。[⑤]

① 参见［清］施璜辑：《还古书院志》卷十五《上梁文》。
② ［清］施璜辑：《还古书院志》卷二十一《任会良等覆县公呈》。
③ ［清］施璜辑：《还古书院志》卷十六《与施虹玉先生》。
④ ［清］施璜辑：《还古书院志》卷十六《与汪涵斋先生》。
⑤ ［清］施璜辑：《还古书院志》卷二十一《任会良等覆县公呈》。

第九章
明清徽州村落园林建筑

中国传统园林着意表现自然美，总体布局要符合自然界山、水生成的客观规律，“叠山理水”景观营造过程中，注重处理山与水的关系及各景观因素的组合，自然曲折、高下起伏符合自然规律。花木对园林山石景观起衬托作用，又往往和园主追求的精神境界有关，芳草佳木的布置应是疏密相间，乔灌木错杂相间，追求天然野趣，形态天然，色彩淡雅怡人。园林建筑的运用设计手法和技术处理要融入自然，堂、廊、亭、榭、楼、台、阁、馆、斋、舫、墙等园林建筑既是景观，又可以用来观景，把功能、结构、艺术等建筑美与自然美糅合于一体。传统文化中道家讲究师法自然，儒家强调感悟自然，佛禅宗教融入自然，这种“自然观”也影响着园林情趣与意境设置，使“模仿自然，高于自然”成为中国传统园林艺术形式的最高境界。

一、徽州村落园林的分类

徽州传统村落中的园林发展历程与中国江南古典园林的发展几乎同步，与江浙的地缘关系以及徽商的双向影响密切相关。明清徽州村落中的园林既有江南园林的共同特点，“一方面是士流园林的全面文人化而促成文人园林的大发展；另一方面，富商巨贾由于儒商合一、附庸风雅而效法士流园林，或者本人文化程度不高而延聘文人为他们筹划经营，势必会在市民园林的基调上着以或多或少的文人化的色彩。市井气与书卷气相融糅的结果，冲淡了市民园林的流俗性质，从而出现文人园林的变体，由于此类园林的大量经营，这种变体风格又必然会成为一股社会力量而影响及于当时的民间造园艺术”[①]。扬州园林的发展便是文人园林风格与文人园林变体并行发展的典型，徽商侨居扬州并参与了扬州的造园活动，在造园实践中，将江南园林的造园风格带回徽州。由于徽州山区的环境与江浙有区别，徽州园林又具有地方特色，一方面，徽商财力雄厚，“新安善贾有宛财，以器庶靡丽相矜，奢于台榭，淫于苑囿”[②]，但山多地少的客观条件限制了园林的发展与规模，“巨室云集，百堵皆兴，比屋鳞次，无尺土之隙，谚所谓寸金地也，安得闲田以为苑囿”[③]？即便徽商所居“广园林，奢台榭”，徽州园林因村落的地形与地貌而规划和建设，基本是宅第建筑的扩大与延伸，呈现出附属建筑的特征，很少有独立的大面积休憩型园林。

明清徽州村落中的园林主要以水口园林、私家园林和书院园林为主。

（一）水口园林

建于徽州村落中的水口园林，属于典型的公共性园林建筑，它是在水口

① 周维权著：《中国古典园林史》，清华大学出版社 1999 年版，第 313 页。

② 李维桢：《大泌山房集》卷五十七《素园记》。

③［清］佘华瑞纂：《岩镇志草》卷首《志草发凡》。

地带原有自然山水和地形地貌的基础上，根据堪舆风水学说的理念和需要规划和建设的。水口或广植树木，或点缀凉亭、水榭、楼阁、塔台，适当的构景，慢慢形成供村民休憩、交往的共享空间。由于自然景观环境较好，村民对水口建筑的建设不遗余力，水口园林兼具自然景色与人文景观之美。正如新安竹枝词中形容的那样，“故家乔木识楩楠，水口浓荫写蔚蓝。更著红亭供眺听，行人错认百花潭”[①]，作为村落的标志性建筑，又成为整个村落景观的重要组成部分，融入村落之美中，形成“园中园”的视觉效果，既追求天然野趣，又注入文化意蕴，追求意境深远。

图 9-1 歙县唐模村水口园林——檀干园

徽州区唐模村水口檀干园，“吾村水口园亭，依山抱水，中有池亘十亩，池心为镜亭”，景观如画，沿着穿村而过的檀溪，循水组织入村的序列空间，“亭北湖波阔，堤边近有船。补栽花外柳，横拓月中天。一带松屏旧，平桥画阁连。

①［民国］许承尧撰，彭超、李明回、张爱琴校点：《歙县闲谭》卷七《新安竹枝词》，黄山书社2001年版，第209页。

参差迷向背，点缀白清妍”[①]。以水口园林为承接点，将山水、田野等自然景观与村舍等人文建筑有机地结合在一起。

图 9-2 婺源县理坑村水口园林景观

歙县雄村水口在渐江西岸雄村入口处，“缘溪之曲，筑平堤，艺佳树，苍翠无际，隐隐如画图”[②]，正所谓“烟村数里有人家，溪转峰回一径斜”[③]，雄村水口园林真是沿着江岸逐步推进的，“于溪干建文阁，创书院，筑园亭，植花木”，桃花坝、竹山书院、崇公报德祠、方胜亭等景观与建筑组成了水口园林。雄村为曹姓聚居地，清代出了曹文埴、曹振镛两位名宦，村落一派繁华，水口作为公共场所，经常举办一些村族活动，“惟族地之经营，聚乡人而宴会。一觞一咏，非丝竹兮弥欢；某水某丘，指钓游兮尚在……石栏曲折，能留野老看花；沙圃平宽，不碍农家种菜，儿童各快于讴吟，贩竖都忘于负载”[④]，形成了“天人合一”的文化意象。

（二）私家园林

明清徽州私家园林包括宅园与庭园两种。在徽州园林中，宅园规模相对较大，为私家或宗族所有，是园主日常休憩、宴客待友、读书吟哦的场所。

歙县丰南聚居吴姓，多为儒商，附庸风雅，引来许多名流雅士，如明代大儒汪道昆居乡期间，常在此会友。相传丰南盛时，先后有先月楼、平远楼、东园、清辉馆、曲水园、疏影阁、湛圃、环碧亭、高士园、十二楼、钓雪园、

①［民国］许承尧撰，彭超、李明回、张爱琴校点：《歙县闲谭》卷十《鲍微省游檀干园亭记》，黄山书社 2001 年版，第 333 页。

②［清］沈归愚：《竹山书院记》，转引自程必定、汪建设等主编：《徽州五千村》，黄山书社 2004 年版，第 83 页。

③［民国］许承尧撰，彭超、李明回、张爱琴校点：《歙县闲谭》卷七《新安竹枝词》，黄山书社 2001 年版，第 206 页。

④［清］曹学诗：《所得乃清旷赋》，转引自程必定、汪建设等主编：《徽州五千村》，黄山书社 2004 年版，第 83—84 页。

果园、野迳、亭亭楼、苧园、梅花楼、上水阁、上园、上花园、松云馆、汉冲馆、三溪阁、溪上水楼、上树草堂等四十余座园林，全村宛如在画中。曲水园“以水胜闻，斯善用奇也已”，全园“中分”水榭为中心，环池以假山、台阁、馆堂、楼榭等为三个景区，“池南则自万始（亭）尽御风（台），池北则西自步櫩尽藏书（楼），东自高阳（馆）尽止止（室）”，又以涧、桥、堤等聚分水面，空间处理有聚有分，相互渗透，曲折有致。

休宁商山吴氏“素封家刻千计”，又人富有文采、地势险曲突，曲涧萦绕，在地利、人和、财胜的情况下，“华屋栉比，又莫不有别业。审曲面势，程巧致功，白石设切厓嫌，数倍九齿，顾见水中粼粼，上下一色。朱栏垂柳，夹岸如碧，油幢延属，度一亭皋地乃已”[①]。季园修建时，经过精心设计，“相土宜，操轨物，仿将作，授工师，门庭至堂皇，莫不爽垲”，园中建有石壁山堂、众香阁、九苞堂、等建筑，叠石理水，“是园都山水之间，殆天胜矣”[②]。

图 9-3 歙县昌溪吴氏私家园林遗存

①［明］李维桢：《大泌山房集》卷五十七《雅园记》。

②［明］汪道昆撰，胡益民、余国庆点校：《太函集》卷七十四《季园记》，黄山书社 2004 年版，第 1520 页。

休宁万安的坐隐园，徽州版画《环翠堂园景图》中有细致的描绘，坐隐园坐落在松萝山下，湖光山色的田园风光融合渔、樵、耕、读的生活气息。整个园林建筑主体为“环翠塘”与“百鹤楼”，水景有“昌湖”“冲天泉”，石景有“九仙峰”，园林有亭、台、楼、阁、堂各类建筑小品，间以曲桥流水、茂林修竹。[1]

徽州宅园虽然相对小巧，但善于用静观的景点和动观的路径相互点缀，造景除了树木花卉、假山、池塘，还有亭、台、楼、阁等用于游憩观赏的建筑。庭园规模较小，以宅第为主，造景于庭院内，庭院与景物都附属于宅第。

如岩镇会心园，面积不越数亩，北面以虬山为屏障，西南引曲涧之水，布置屈曲有致，“其中面西为栖闲堂，中庭植双桂，柏木十余章。屏以短垣，垣坳如坞，种竹百个，曰片竹坞”。以栖闲堂中心，各类建筑与景观逐步展开铺在眼前。“小径出坞中，青莎蒙茸被径，可藉坐。坞侧作媚涟亭，有池曰玄泉。夏秋渠荷荡漾，送香亭上；冬春水绕石发，黝然深碧。玄泉东为莹心泉，泉味清冽。红薇翠柏，丛倚交荫。折北循轩见邁轴。前后为二仲轩，馆侧为限云台，馆温而谷凉也。轩上为见山阁，阁前叠石为虬南山，山半悬在沼，曰隐鳞。沼中多赪鱼。其隅负揽晖台，高可二丈许。台右通秘兰轩，四壁突兀，北牖曰抱一斋。上建澡玄阁，为藏书之所。最上曰市隐楼，高出揽晖台丈许。”[2]虽然面积不大，经过精心布局，景观与建筑高下错落，且四时景物不同，一时夸为名胜。

徽州自然地理条件的限制，庭园是徽州园林中数量最多的一种类型，体现了徽州园林的精辟，它往往在一局促又不规整的宅间空地上神来一笔，创造出意味隽永的景观，一方池塘，几竿修竹，虚门漏窗，布置精当，能在极有限的空间处理得当，体现无限的生机。黟县宏村的碧园、德义堂、承志堂，黟县西递的西园，黟县南屏的半春园，婺源理坑的云溪别墅等，都是其中的翘楚。

（三）书院园林

随着理学的勃兴，徽州文人创办书院的风气盛行，明清徽州科举进仕人

---

① 参见张国标编撰：《徽派版画艺术》，安徽美术出版社 1996 年版，第 51 页。

② [清] 佘华瑞纂：《岩镇志草》元集《名园》。

图 9-4 歙县雄村曹氏竹山书院园林

数众多与书院的发展相互推动，灵秀清幽之地利于潜心研修，书院建筑选址取山水俱佳、林泉秀美的环境，这使得书院具有双重造景功能，书院建筑本身是一个景点，书院内部又有庭园。书院园林规模一般不大，布置得当，有讲堂、朱子祠等突出主题，又植有桂、杏、桃等表现意境。

歙县雄村竹山书院，无论选址还是布局，都堪称书院园林典范。书院坐落于雄村水口内，“缭以短垣，面新安江，峰壑如屏。帆缆上下，擅胜在远，山泽之资，可以坐啸”[①]，充分运用借景，将新安江畔山水景致纳入园中，使书院与自然环境融合于一体。书院面积只有两亩有余，园内主体建筑是正厅、侧厅和文昌阁等，正厅为“清旷轩”，轩外有天井，叠石为山，种梅为园，相传为曹氏子弟凡中举者，可在园内手植桂花一株，既是标榜，亦是对后学的促进，可谓相得益彰，因此称为“桂园”。桂园回廊曲槛，以圆窗框景，诗情画意，内外景色相互渗透，人在其中宛然境游。

黟县南屏的抱一书斋是规模很小的书院园林，分为内外两个院落，外院

① [民国] 许承尧撰，彭超、李明回、张爱琴校点：《歙县闲谭》卷十《谭复堂日记》，黄山书社 2001 年版，第 338 页。

是学生日常活动的场所，与讲堂“穆贤堂”相对，其东西两侧均为游廊，廊下有“美人靠”，东侧以院墙将先生休息的内院分隔开，墙上有漏窗，一方面拓宽视线，另一方面是先生在内院可以通过漏窗了解学生在外院的活动，设计颇具匠心。

另有许多转为读书开辟的庭院，规模小，但布置宜人。沙溪村的“八仙园”种植梅、李、桃、杏及玉兰花，“春日花开，游人接踵”，“先时孝廉舍台公与善诗酒者，八人啸傲其中，因以八仙名焉”，[①]江村“荫园”明代耆儒江泽著书其中，清康熙年间改建，“倚山为园，中有环翠楼、五桂轩、心适斋，山径迂折，台榭参差，花竹亦极森茂”，“梦笔轩”为江练如读书处，“中植花木极盛”。“厅松楼”清康熙时建造，“即山为园，近带溪流，凭高眺望，空旷无际”，为江东涛读书处。[②]

（四）其他园林

徽州因黄山白岳，寺庙殿堂处于清幽优美的自然环境中，但“徽州不尚佛老之教，僧人道士，唯用之以事斋醮耳，无敬信崇奉之者”[③]，寺庙内部殿堂庭院的园林化并不突出。但与之相反相成的是，明清徽州强化宗族统治，祠堂园林具有经济来源与精神基础。歙县江村宗祠内树滋园，乾隆二年（1737年）宗祠复修后，祠东隙地甚宏敞，有两棵古柏树秀拔，于是运余材，“即地建园以收其胜”，园有阁，“窗棂虚旷，登临远眺，飞布灵坛盘坞峙西北，天都三十六峰隐约云霄间，端严镇静，令人有乐山想”，园有斋，“颇幽邃，窗明几净，可供读书”，园有亭有榭，“纡回曲折可恣吟哦”，以树木“荫浓葱蔚、枝叶畅茂”知“植之有根”，以花卉“夭乔秀韵、春华秋实”知“培之有本”。[④]可见，祠庙园林建筑所承载的寓意。

---

①［清］凌应秋纂：《沙溪志略》卷一《古迹》。

②［清］江登云辑：《橙阳散志》卷八《舍宇·园馆》。

③［民国］许承尧撰，彭超、李明回、张爱琴校点：《歙县闲谭》卷十八《歙风礼教考》，黄山书社 2001 年版，第 602 页。

④［清］江登云辑：《橙阳散志》卷十《艺文·树滋园记》。

二、徽州村落园林建筑的审美特征

我国古典园林的发展，与自然的关系非常密切，长期以来积累了种种与自然山水息息相关的精神财富，构成了以“山水文化”为主要内涵的造园风格。由于对自然的崇拜，自然风景的山、水、植被等基本要素成为构筑园林风景的主要因素。

（一）师法自然，因地制宜

徽州兼具山水之美，置于青山秀水之中的徽州村落，园林建筑深得自然之利，但徽州山多田少，耕田金贵，在一个极有限的空间中创造出丰富深邃的意象，又要守规矩整，对徽州人来说，营造园林别具匠心。

如休宁商山雅园选址取自然环境之胜，遵山循涧，“南面其峰百仞，紫气丹霞，羃历笼罩，如天门阊阖，朱旗彩仗，扈从纷纶……左右亩钟之田，沟塍刻镂，粳稻，上风吹之，五里闻香。其畔桃李春花万树，如金谷玉洞，间以松竹，擢本垂阴，云日蔽亏”。雅园正是坐落在如此自然环境中，因地势稍作修整，“缭亘短垣，广轮十里，当山之半，夷峻筑堂五楹，小楼长庑辅而掖之”，堂题额为“南山”，寓意深远，因地处山腰，视野开阔，“可以居高明，可以远眺望，南山秀色可餐”，堂后由东而西，“山如堵墙，有竹万个，孚尹之色，琳琅之韵，耳目应接不暇”。[①]

徽州区岩镇娑罗园，“园之木既古，而地尤旷，北临丰乐之溪，水鸣锵锵，石露拳拳”[②]，建于明宣德年间，其中，“有潜虬山房，西向。其南隅，小楼数楹，檐于柯接。北面近溪，修竹乔松，疏梅丛桂，栝柏梓桐，稠迭交错”[③]。

① ［明］李维桢：《大泌山房集》卷五十七《雅园记》。

② ［民国］许承尧撰，彭超、李明回、张爱琴校点：《歙县闲谭》卷十《岩镇娑罗园》，黄山书社2001年版，第322页

③ ［清］佘华瑞纂：《岩镇志草》元集《名园》。

歙县水香园，“紫霞山倚其肩，阮溪水流其背，有亭有堂，有楼有榭，中两方沼，通以石梁，环沼植梅百数十本”[①]。

明代中期以后，徽州宗族统治强化，为徽州园林定下基本的格调，更多地体现儒家伦理道德的守静、有序、敦厚沉稳。因地处偏僻乡村，造园题材和园景有别于闹市，经常将农耕渔樵纳入园林景观，园林基调多质朴清新。新安画派、徽剧、徽派篆刻、徽州刻书等文化领域的崛起与繁荣，为徽州园林艺术的精练，提供了可资借鉴的精神资源，徽派建筑、徽州盆景与徽州三雕直接渗透到园林创作中。总的来说，徽州园林的设计与布置依据自然的山水形势，利用园林自身的地形特点合理地加以布置。

（二）巧于因借，灵活多样

受客观条件约束，徽州园林规模有限，在有限的空间中创造深邃广袤的自然景观，实现“壶中天地”的园林意境，叠石垒台、凿池理水、配置花卉树木以及运用漏窗、门洞借景等是徽州园林中常见的造园手法，这也是地理条件使然，因山水之势、人多地狭无法大规模造园，运用天然资源叠石理水可以丰富园林，丰富的山水资源提供可借之景，拓宽园林空间。

徽州园林所受局限比较多，垒石必须视地形地势而定，灵活布置。歙县奕园“贮灵璧、将乐、英、昆之石，海山三神山具体而微”，传说中太液池与蓬莱、方丈、瀛洲三座仙山是神仙所居，“一池三山”的造园手法在江南园林中比较常见。同时，还叠石为黄山三十六峰状，“矫矫，如轩后乘龙御天，东则石耳，南则锡山，西则某山，如诸小臣攀髯，膛若乎后”[②]。荆园的垒石理水比较有特色，“聚吴石百艇，黟石什一樛之。吴为首、为脊、为尻；黟为胫、为斫。裂开五耜，列峰峦洞壑以象三山，割地五畦，凿洿池以象裨海”[③]。与苏、杨名园品石“瘦、漏、皱、透”的标准不同，徽州园林叠石更注重形态。

---

① ［民国］许承尧撰，彭超、李明回、张爱琴校点：《歙县闲谭》卷二十七《水香园于乾隆中易主》，黄山书社 2001 年版，第 956 页。

② ［明］李维桢：《大泌山房记》卷五十七《奕园记》。

③ ［明］汪道昆撰，胡益民、余国庆点校：《太函集》卷七十七《荆园记》，黄山书社 2004 年版，第 1578 页。

图 9-5 明代休宁环翠堂园景图

理水是徽州园林比较具有代表性的造园手法，通常有两种手法：一是天然水系对水口园林的打理，如歙县槐塘的水口园林，建有丞相状元坊，在坊前用青石砌水池与围栏，池中种植荷花，坊右修有长堤，栽植梅花等；如唐模檀干园水池，“不到西湖二十年，梦中时觅湖上船。此池大概非湖比，亦有林谷相盘旋”，“亭榭参差分踞胜，小桥曲槛通幽径。须臾箫鼓出蜃楼，恍有游鱼纷出听”。[①]二是园林里治有人工水景，通过凿池引水、架桥筑亭等方式设置水景。歙县曲水园是其中的典范，曲水园因依丰乐之水而建，“修广不啻十亩，疏甽为涧道，经垣内外，如隍其中。凿池出南北，如天堑。甽入涧道，涧道入池，句如规，折如磬，故而曰曲水垣”[②]。

树木花草等可以增添园景的生气，徽州植被丰富，村落园林中也大量地栽植，沙溪淇园“园皆绿竹，青青可爱”，歙县遂园“绕亭而树者为玉兰、

① [民国] 许承尧撰，彭超、李明回、张爱琴校点：《歙县闲谭》卷八《〈潭上竹枝〉及唐模新池》，黄山书社 2001 年版，第 264 页。
② [明] 汪道昆撰，胡益民、余国庆点校：《太函集》卷七十二《曲水园记》，黄山书社 2004 年版，第 1487 页。

为红梅、为辛夷、为绛桃、为素桃、为雪球，多名卉”[1]。有些村落园林里旧有古树，尤显古朴典雅，如江村荫园环翠楼，“奇石玲珑，绿荫蒙密，若堂若轩若台榭”，另外，“老梅一二本覆屋上，花法时想见高士，山中美人林下不过其他，安榴、牡丹亦各极位置，时则新秋金桂丛放，天香阵阵，每从云外来，余神怡久之”[2]。更多的是普通民居的宅居庭院，一般占地很少，布局精练紧凑，对建筑物的尺度和园林植被严格控制，较多地使用占地较少的盆景，在拥塞的居住环境中造就一方精神乐土。此外，园林植物的种类选择也很讲究，如罗汉松寓意“万年不老”，桂树则寄托着读书人“蟾宫折桂”的理想，祠堂园林将桂树与柏树并栽，象征着子嗣绵延百代繁衍。

①［明］汪道昆撰，胡益民、余国庆点校：《太函集》卷七十七《遂园记》，黄山书社 2004 年版，第 1576 页。

②［清］江登云辑：《橙阳散志》卷十《艺文·荫园环翠楼》。

第十章
徽州古桥的营建理念与实践研究

一、徽州自然和人文聚落环境中的古桥

（一）徽州山冲水击的自然环境

地处安徽、浙江和江西三省交界的徽州是一个典型的山区。境内山脉纵横，绵延起伏，峰峦叠翠。位于绩溪境内东北走向的翚岭，既是该县岭南、岭北的界山和长江与钱塘江的分水岭，同时也是“徽州”得名的主要由来。作为文字本身，“徽”字本来意义就有美好、高耸的含义。

徽州不仅峰峦叠嶂，而且溪流纵横。在徽州境内，以黄山山脉为界，黄山以南，有流入钱塘江流域的新安江水系和流向鄱阳湖流域的阊江水系、乐安江水系；黄山北坡，则有直接流入长江的青弋江水系。新安江是徽州的母亲河，它由发源于休宁县西部山区五龙山六股尖的率水和发源于黟县五溪山主峰白顶山的横江汇合而成。两支河流在屯溪黎阳汇合以后，北流至歙县，沿岸分别有丰乐水、富资水、布射水、扬之水，以及珮瑯水、桂溪、濂溪、小洲源、棉溪、昌溪、大

图 10-1 徽州山水秀色

洲源等大小支流汇入，一直到深渡，才流出徽州全境，进入浙江。

“清溪清我心，水色异诸水。借问新安江，见底何如此。人行明镜中，鸟度屏风里。”这是诗仙李白赞誉徽州大好山水的诗句。众多川流不息的山涧溪流，更似一条条洁白的练带，萦绕在黄山、白岳之间，构成了一幅幅秀美的徽州山水画卷。“七山一水一分田，一分道路和庄园”，“九山半水半分田，包括土地和庄园”，所有这些丰富的民间语言，无一不是反映了徽州山川纵横的自然环境。

早在南朝时，梁高祖就曾对身边的徐摛说：“新安大好山水。”历朝的《徽州府志》也都不惜笔墨对徽州大好山水极尽赞誉，称其是“山水幽奇”。宋人晏殊说：徽州“峰峦掩映，状若云屏，实百城之襟带”[①]。清末黟县文士孙茂宽则创作《新安大好山水歌》，以饱满的热情和激扬的文字歌颂了徽州的好山好水，歌云：“新安之山宇内奇，山山眺遍神不疲；新安之水宇内胜，水水汇流棹可随。就中山明更水静，绝妙何图竟若斯。一自天都发其脉，一从歙浦合其支。君不见白岳、黄山相对峙，细看从来无厌时。千峰万峰错杂出，嫣然天宇为修眉。又不见练江水色潇湘胜，无冬无春皎镜凝。摇艇江中涵万象，岁月滩上月痕迟。”这首咏颂徽州大好山水旖旎风光的长诗，以清新飘逸的生花妙笔，为新安大好山水又增加了一篇浓墨重彩的华章。

图 10-2 婺源县延村

① 弘治《徽州府志》卷一《地理一·形胜》。

然而，高山流水造就了徽州优美自然风光的同时，也给生于斯、长于斯的徽州先民们带来了生产与生活上的障碍。山隔壤阻，曾一度使他们与外界完全隔离；而河川急流，则在山洪暴发时，一次又一次地冲毁他们赖以为生的庄稼禾苗和美好家园。

图 10-3 山环水绕的祁门县坑口古村

在徽州方志和家谱等文献记载中，因山洪暴发而摧毁良田、冲坏官舍民居的事件屡有发生。明朝世宗嘉靖十八年（1539 年）夏季，徽州突然发生了大面积的山洪灾害，婺源大水，休宁大水，临近几县也纷纷告急。来势凶猛的洪水引起了山体滑坡，婺源县甚至出现了大水漫城的局面，当时县城水高三丈有余，两千多所居民房屋庐舍被水冲倒，三百余位男女老幼葬身于洪水之中。而发生在清乾隆五十三年（1788 年）祁门历史上最严重的一次水灾，其损失则更大。关于这次由山洪暴发而引起的水灾，同治《祁门县志》这样写道："五月，大水。初六日，夜间烈风，雷雨大作。初七日清晨，雨止，东北乡蛟水齐发，城中洪水陡起长三丈余，县署前水深二丈五尺余，学宫水深二丈八尺余，冲圮谯楼、仓廒、民田、庐舍、雉堞数处，乡间梁坝皆坏，溺死者六千余人。"①

大雨所引起的山洪暴发，使得徽州大好山水顿失其美丽的颜色，人民备受水魔的折磨，随时都有失去亲人和家园的危险。

在生产力极其低下的旧时代，新安的大好山水于普通民众而言，只不过是一种不尽的贫困和苦难而已。正如清代康熙三十三年（1694 年）婺源知县张绶在为新编《婺源县志》所写的序中所说的那样："余凭轼纵目，其山崪嵂而绵亘，其水清浅而迅激，其土田瘠硗而迫隘。"② 的确，在食不果腹的历史年代，山环水绕的村落美景带给徽州芸芸众生的只能是更加艰辛的劳作和更加窘迫的生活。

① 同治《祁门县志》卷三十六《杂志 · 祥异》。
② 康熙《婺源县志》卷首《序》。

为了摆脱这种大山阻隔、灾荒不断的困境与窘状，挣脱贫困与苦难的枷锁，徽州人被迫选择了大规模外出经商和读书入仕的道路，从大山中跨过险滩急流，攀越重重高山，走向了外面的世界。

关于徽商形成的时间，有人主张在东晋，有人则认为在宋代，更多的同仁则把徽商大规模外出并形成独执商界之牛耳的地域性商帮集团当作是明代中叶的事情。在查阅明代成化初年修成的休宁《商山吴氏族谱》和清代光绪年间刊印的祁门《善和程氏宗谱》时，可以发现早在两宋时期，徽州拥资十万的商贾就已不是单个的个体，而是一种相对较为普遍的现象了。只是到了明代中期以后，徽州人大规模地群体外出，并形成了经营盐业、典当业、木材业和茶业等四大商业领域的地域性商帮集团，徽商才真正成为一种气候。正如一本《徽商便览》的小册子所说的那样："吾徽居万山环绕中，川谷崎岖，峰峦掩映，山多而地少。遇山川平衍处，人民即聚族居之。以人口孳乳，故徽地所产之食料，不足供徽地所居之人口。于是，经商之事业起，牵车牛，远服贾。今日徽商之足迹，殆将遍于国中。"[①] 是的，正是徽州的大好山水，不，对广大民众来说，是穷山恶水，才最终成全了富甲一方的徽商和博大精深的徽文化。

徽商是新安大好山水下的产物，但是，徽商又丰富了新安大好山水。他们致富不忘回报家乡，当一所所学校、书院，一道道水利工程和一座座道路桥梁，被徽商斥巨资不断修葺的时候，我们委实看到了新安大好山水掩映下的、底蕴丰厚的徽州文化。

（二）徽州丰富的人文环境

徽州的自然风光实在太迷人了，"五岳归来不看山，黄山归来不看岳"，五百多年前，著名戏曲家潘之恒的这句名言早已成为黄山品牌最强有力的注解。而大戏剧家、诗人汤显祖的那首"一生痴绝处，多从黄白游"五言诗，则说明，五百年前，黄山白岳已是文人墨客梦寐以求的乐土和胜地。

然而，文人墨客们向往的徽州大好山水并未能动摇徽州人走出大山的信念，阻止他们冲向外面世界的步伐。

---

①［民国］吴日法：《徽商便览·缘起》。

如果说历史上东汉末至东晋初、唐末五代和两宋之交，中原世家大族不惜携家拖口，跋山涉水，从战火纷飞、动荡不安的中原地区来到山隔壤阻的遥远的徽州，仅仅是为了躲避战乱，整个社会还是崇尚武力的话，那么，自南宋开始，徽州所兴起的读书科举之风，并盛产出祖籍婺源的理学之集大成者朱熹，则是徽州人文鹊起、郁郁乎盛焉的标志。举凡人迹所到之地，哪怕是穷乡僻壤，必有师，有学，有琅琅的读书声。他们把桑梓故里所产生的理学集大成者朱熹视若圣人、奉如神灵。“粤自孔孟而下，倡明道学，羽翼坟典，上以续千圣之统，下以开万世之蒙者，莫过于紫阳夫子，而我新安实其故土也”[①]。读书人和普通百姓，读书要读朱熹注释过的书，非经朱熹注释者，教师不以为教材，学生不以为课本。“我新安为朱子桑梓之邦，则宜读朱子之书，服朱子之教，秉朱子之礼，以邹鲁之风自待，而以邹鲁之风传之子若孙也”[②]。正如元末明初休宁学者、商山书院山长赵汸在《商山书院学田记》一文中所写的那样，“新安自南迁后，人物之多，文学之盛，称于天下。当其时，自井邑田野，以至远山深谷，居民之处，莫不有学、有师、有书史之藏。其学所本，一以郡先师朱子为归，凡六经传注、诸子百氏之书，非经朱子论定者，父兄不以为教，子弟不以为学也”[③]。以此为标志，徽州最终赢得了“文献之邦”和“东南邹鲁”的美誉。这种读书重文的传统虽历经千年，却盛而不衰，一直被后代子孙继承和延续下来，成为今天徽州人依然享之不尽的宝贵财富。徽州的那句俗语“娇子不娇书，娇书变养猪”，至今仍然在徽州人的耳际回荡，成为徽州父老耳熟能详的一句口头禅。

图 10-4 休宁县万安老街

① 嘉靖《新安休宁汪溪金氏族谱》卷三《家训》。

② [清] 吴翟：《茗洲吴氏家典》卷首《序・李应乾序》。

③ [元] 赵汸：《东山存稿》卷四《商山书院学田记》。

徽州的人文底蕴相当丰厚，在科举时代，仅明清时期就出产了 1303 名文武进士，而休宁一县，宋至清代连本籍带寄籍于他乡的进士中，竟然出了 19 位状元。一时间，徽州各地到处都流传着所谓的“同胞翰林”“连科三殿撰，十里四翰林”的科举佳话。这是徽州人的自豪与骄傲。徽州独树一帜的新安理学、新安医学、新安画派、徽派建筑、徽派刻书、徽派篆刻和被誉为全国八大菜系的徽菜，至今还在被人们啧啧称道。至于曾在中国商业舞台上独执牛耳三百年的徽州商帮，则尤其以其坚实过硬的文化素质、诚信无欺的商业道德和灵活多样的经营艺术，而享誉中外。

做官做廉官，经商做儒商，行医为儒医，这已是汩汩流淌于徽州人的血液里、深深植根于徽州文化中的永恒不变的精神和理念。

图 10-5 歙县三元及第牌坊

我们还注意到，历史上的徽州是一个聚族而居的宗族社会。尽管宗族社会曾经给徽州社会、经济与文化带来过很多负面和消极的影响，但是，我们不能不承认这样一个事实，那就是徽州本身就是一个宗族社会。与其他地区同样是聚族而居的宗族相比，徽州的宗族既有其惨无人道的严酷的一面，也有其约束族人恪守做人之道、鼓励族人读书经商的传统。我们在徽州现存的一些家谱中看到了很多关于宗族鼓励子弟“孝顺父母，尊敬长上，和睦乡里，教训子孙，各安生理，毋作非为”等几乎是宗教式的说教。正是徽州的宗族，最后成全了徽州人走上读书与经商的道路，并使他们最终获得了前所未有的成功与辉煌。

“读书好，营商好，效好便好；创业难，守成难，知难不难”，世界文化遗产黟县西递一户人家的对联，一语道破了徽州宗族对子弟们职业选择上的支持。而出现在祁门渚口倪氏宗族家谱中的一段话，则更使我们看到了徽州宗族对商场失意者的宽容和从头做起的鼓励。这段话的原文是这样的：“一贾不利再贾，再贾不利三贾，三贾不利犹未厌焉。”①徽州宗族对子弟经商，不仅口头上进行鼓励和支持，而且还在资金上给予资助。徽州宗族这种以众帮众、扶贫济困的精神，在一定程度上说，是徽州读书科举和商业经营走向最后成功的社会基础。

图 10-6 黟县宏村古民居

我们深为徽州人的进取精神所感动，在想到徽州地形中的歙县狗、休宁蛇、祁门猴、黟县蛤蟆和婺源斑鸠的同时，我们还想到了象征徽州人吃苦耐劳、任重致远的“徽骆驼”。没有了这种“徽骆驼”的精神和意志，徽州人就失去了进取的动力和源泉；没有了“徽骆驼”精神，徽州文化也会变得一片苍白和无力。

（三）徽州自然和人文聚落环境中的古桥

如同其他地区一样，聚居于峰峦叠嶂、溪流纵横皖南山区的徽州人，需要进行生产与生活，需要寻求人际的沟通，需要走向外面的世界。然而，大山阻隔了他们的脚步，大河与溪流中断了他们与彼岸交往的路径。于是，逢山开道辟路、遇水设渡架桥便成为徽州人生产与生活、交往与联络，以及走向外面世界的一个必然选择。

徽州有关开山筑路的问题业已有人做过系统研究，但徽州古桥甚少受到学界的关注。即使地方志、族谱等文献对徽州各地的古桥有所涉猎，但都显得过于零碎而不完整。徽州古桥，是徽州传统村落整体中的一个重要元素，特别是被誉为“水街”的村落中，横亘在溪水之上的各类古桥尤为众多。据道光《徽州府志》的记载，清代道光以前，徽州相对较为著名的古桥尚有914 座。综合民国《歙县志》《婺源县志》和道光《徽州府志》的数字记录，

① 光绪《祁门倪氏族谱》卷下《诰封淑人胡太淑人行状》。

截至中华人民共和国成立以前，徽州各地的古桥总数约有 1246 座之多。应当说，这些数据绝对是不完整的。为什么？只要稍微检索和察看一下遍布徽州传统村落中村头、道路、田野的桥梁，我们就会清楚地知道，没有被文字记载下来的徽州无名古桥可以说比比皆是、不胜枚举。这些静静地横卧在乡间小溪上的或石板、或石拱、或木架的座座小桥，由于不是地处繁华的官路商道，也不是军事要塞，所以，它所承载的是世世代代徽州山民耕田种山、担禾负薪的脚印。很多仅仅是一道石梁的古桥，甚至没有属于自己的名字。它是那么的普通，那样的默默无闻，以至于我们在田野调查中向当地村民问起时，虽然是天天必经之路，但他们也只是支支吾吾，无法说出此桥的名称和来历，因为它根本上就是一座无名古桥。

徽州几乎每一个县城都是一处山环水绕的大聚落，人们进入县城必须要跨过宽广而湍急的河流。仅以徽州府城歙县为例，据《太平寰宇记》记载，其“歙”字，本来就是因“山水翕聚”而得名。而县城徽城镇，除东面为问政山外，其西、南、北三面皆为河流所绕，布射水、扬之水、富资水、丰乐河所汇成的练江，蜿蜒向东流去。而由夹源水与横江相汇的休宁县城海阳镇，也是东、西、南三面临水。环婺源县城紫阳镇东、南、北而过的星江，更是把婺源这座美丽的古城装点得分外妖娆。此外，穿县城祁山镇而过的阊江，绕绩溪县城华阳镇东、南两面的扬之水和翚溪河，黟县县城碧阳镇的吉阳水和章水也是绕城而去。作为一方都会，县城所在地显然是一县的政治、经济和文化的中心。为了能够顺利地进入府城、县城，必须消除河流的阻隔与限制。于是，摆送官员、商人、士子和民众的古渡便应运而生了。如进入府城歙县的紫阳渡、渔梁渡、河西渡，进入婺源紫阳镇的绣溪渡、瀛洲渡，进入绩溪的来苏渡等等。乘船过渡已成为克服大河阻隔、联络此岸与彼岸世界交通的重要媒介。

然而，小小的渡口，根本经不起暴风骤雨的吹打，无法满足经济日益发展、交流不断增多的需要。于是，代渡而起，便出现了架通大河两岸的浮桥。不过，渡口也好，浮桥也好，总是在急流暴涨时被迫中断。两岸的人们只好望河兴叹，他们太需要一座永久沟通、风雨无阻的桥梁了。

建桥修桥，显然已经成为徽州官民士绅所有人等最强烈的愿望。

值得注意的是，宋代以后，徽州人开始克服一切困难，节衣缩食，从地方官员、士绅生徒，到宗族组织、商人、农民，甚至和尚、尼姑、道士等宗教徒，都纷纷以捐资修桥为己任。官员慷慨解囊地捐俸，徽商热心义举地一掷万金，百姓们节衣缩食，僧人、道士捧钵化缘，总之，一切利于建桥修桥的事情，人们都毫不犹豫地去做。众人拾柴火焰高，正是在徽州全体官民齐心协力的建桥热情的推动下，一座座美丽的桥梁在徽州大地的河川溪流上架了起来。

图 10-7 建于宋代的婺源李坑中书桥

为了探询史书上记载的宋代的徽州古桥究竟还有无保存，我开始了长途跋涉，深入徽州山野乡间的艰苦寻找工作。为什么？因为地处交通枢纽和商业重镇的宋桥经过历代的不断翻新维修，甚至拆建，已经很难再觅到其芳踪了。

苍天不负有心人，在前往素有“小桥流水人家”之誉的婺源县秋口镇李坑村，我们不经意间发现了一座建于北宋时期的砖桥，这就是宋代的中书桥。中书桥系一座拱形灰砖砌就的单孔拱桥，宋代建筑风格非常显著。该桥虽历经千年风雨沧桑，但依然显示出迷人的英姿。

徽州的古桥是迷人的，这不仅因为它是徽州沟通溪流大川的工具，而且更为重要的是，它还是徽州人追求自然与人和谐相处、融实用与审美为一体的聚落建筑之一。徽州古桥的创建和维修，其过程是非常艰辛的，但它所体现的徽州人文关怀是其他地域所缺乏或少见的。徽州包括村落在内的聚落中的很多古桥，并不仅仅就是桥梁而已，特别是遮风挡雨的廊桥。廊桥内设有美人靠，专供行旅之人作短暂的休憩，有的廊桥甚至还有茶水供应，以解除远道行人的渴饮。而散见于村庄水口的水口桥，还专门建有桥亭，不仅是村落中一处宜人的园林景观，还构成了村落不可分割的整体。这些附属于桥梁的设施，真正体现出了徽州包括村落在内的聚落中深层次的人文关怀。

从人文的角度来审视，徽州古桥有许多是村民信仰的一种折射。徽州比比皆是的观音桥、如来桥、仙化桥等，实际上反映了徽州人对于佛教的信仰与崇拜。至于廊桥上供奉的神龛，其祭祀的对象更是缤纷庞杂，像歙县北岸廊桥上供奉佛龛、婺源彩虹桥上供奉的大禹和大桥创建人胡济生等，尤其是显示出古桥所在地人们对某种理想的渴盼。

这就是徽州，这就是包括村落在内的聚落中徽州古桥区别于他处古桥的奇妙之处。

二、徽州古桥桥名的由来、建造、保护与维修

（一）徽州古桥的命名

包括村落在内的徽州聚落中的古桥，不仅数量多、类型广，而且古桥的名称及来历也都各有典故，说来妙趣横生。

大量的文献记载和田野调查的事实表明，历史上徽州各类桥梁的命名，主要有以下几种类型：

一是以人或姓名桥。此类古桥大多为纪念桥梁的建造者，或以某姓聚居地而命名。如歙县牌头的永宁桥，系由清朝康熙二十四年（1685 年）桂林洪永宁捐资兴建。村民为了纪念洪永宁的建桥功德，以其名“永宁”而命名之。同为歙县的上丰宋村郑翁桥，也是因为造桥者为郑闇、郑武相等创建而得名。再如今徽州区岩寺的佘公桥、休宁古城山下旧市的赵公桥和婺源汪口的曹公桥，其名也都是取自该桥的建造者之姓氏。像赵公桥为赵廷贤所出资建造，而曹公桥则自唐代就已经为曹氏先人曹仲泽所创建，其后历经明清两代，该桥虽时为洪水所冲圮，但曹仲泽的后人曹珏、曹俊、曹鸣远皆及时捐资或动员族人捐输给予兴复和重建，以承祖志。至于歙县和祁门的四座高阳桥，则主要是由地望在高阳的许姓宗族兴建，从歙县许村、唐模、西坡，到祁门的高阳桥，全不无一例外地是由许姓聚居村落或许姓人氏出资建造。正如许承

尧在《歙县志》中所说："桥名高阳，盖纪姓也。"[①]

二是以地名桥。以地名桥不仅是徽州，而且也是全国其他地区古今桥梁名称的最主要来源。这类古桥，一是取诸所在地名的方位，诸如位于府城或县城的歙县河西桥及婺源的东门桥、西门桥、南门桥和北门桥等，都是分别处于歙县城之西练江和婺源县城东、西、南、北门外的方位；二是古桥所在的村落为名，如歙县桂林桥、休宁的蓝渡桥等。至于以山川河流名桥者，在徽州就更是一个普遍的规律和现象了，诸如绩溪的徽溪桥、歙县大谷运的谷川桥、祁门善和的和溪桥，以及歙县前山庵前的前山桥、竦坑村的百步岭桥等，都是以古桥所在的山川而命名的。

三是以重要的事件命名。重要的历史事件甚至传说事件，往往也会成为徽州古桥得名的一个由来。像歙县八都的登第桥，就是因为在建桥之时，村人中有余献可兄弟登第考中进士，人们为纪念这件大事，而专门将桥梁命名为"登第桥"。而绩溪城西二里之地徽溪津上的来苏渡桥，还盛传着一个美妙的传说。据说，当年苏轼从海南做官归来，专程于途中来到绩溪，看望在绩溪县做知县的胞弟苏辙。因为士大夫在此渡口恭候和迎接苏轼，故人们遂将这一渡口改称为"来苏渡"。后来，该渡被改建为五孔石拱桥，人们于是便将此桥命名为"来苏渡桥"，简称"来苏桥"。当然这仅仅是美好的传说而已。据道光《徽州府志》考证，苏辙在绩溪当县令和苏轼自海南返归，前后相差十余年，说两人在绩溪相会并由此产生来苏桥的故事，实属子虚乌有。而据明初人程贞白考证，来苏桥的得名，恰恰不是苏轼，而是苏辙。是绩溪父老欢迎苏辙来绩溪，并相遇于潭石渡，故称"来苏渡"。宋代绩溪市民葛延敬建桥并亭于徽溪之上和桥侧，故此桥因渡而得名。不过，苏轼到过绩溪，虽然明显不是历史事实，只是一种美妙

图 10-8 绩溪县来苏桥桥额

① 民国《歙县志》卷二《营建志·津梁》。

的传说。但在绩溪普罗大众心里和记忆中，传说就是事实。在歙县瀹岭坞村头，有一座名为“悦有桥”的单孔石拱桥，相传早年这里曾经发生灾荒，官府在此放赈救灾，拯救百姓。后来，当地人专门在此建了亭和桥，以纪念这次放赈得救事件，人们便把此亭与桥命名为“悦有亭”和“悦有桥”。

三是名人诗词中的章句名桥。历代名人的诗词充满了对大自然的赞美和颂扬之情，辞章或朴实优美，或华丽旖旎。人们在对某一事物命名时，常常会从其中获得灵感，甚至干脆直接从中撷取优美的词句，命名此物。徽州古桥中，不少是以历代名人诗词中的词句为名的。如我们上面讲到的婺源彩虹桥，即是从唐诗“两水夹明镜，双桥落彩虹”中撷取了“彩虹”二字而命名的。位于绩溪石家村头水口的南山桥，则是从陶渊明“采桑东篱下，悠然见南山”一诗中取了“南山”二字为名，以使这座石首信后代隐居的村落远离尘嚣，成为世外桃源。在南山桥的桥头正对面，石家村人还建了一魁星阁建筑，从而使此桥与阁亭融为一体，甚是壮观。南山桥左首还立了一块石碑，这块清代康熙四十九年（1710 年）春所立的石碑，专门记载了南山桥建立的过程，惜碑文历经数百年风雨侵蚀，已经残缺不全且模糊不清了。我们遂在魁星阁内抄录了悬挂在匾额中的一首赞美石家村、魁星阁和南山桥的歌赋，歌云：

石家村，石桥梁，桥头有方亭，祠前有方塘，塘旁青松百尺长。

看一村人家门楼北向，一横带水，流自西方。前有溪鱼可钓，后有山花自芳，背山面水，绝好风光。如此小桃源，乐无量。难得找一支妙笔，描绘此村庄。

这就是被人们赞美为“棋盘古村”风景秀丽的石家村和二墩三洞的南山桥。

图 10-9　绩溪县石家村南山桥

四是因传说故事而得名。因传说而得名的古桥，徽州也有一些。像一些关于神仙之类的古桥，都是属于此种类型。如歙县渔梁街左侧的望仙桥，相传就曾是唐朝浪漫主义诗人李白拜访仙翁许宣平之处。而歙县沙溪上村口隆堨和婺源山坑的仙姑桥得名，则与传说中的郑仙姑有关。据传，歙县沙溪上村口隆堨的仙姑桥，是郑仙姑至此，见桥圮难行，遂用石甃之。也就是说，此桥是为了纪念传说中的建造者郑仙姑而命名。歙县知县靳治荆在《过仙姑桥诗》中写道："仙姑曾过此，嵌石放流泉。"而婺源山坑的仙姑桥则是传说中的何仙姑卖药处。此外，类似的以传说中神仙而命名的古桥还有歙县的仙花桥、祁门的三仙桥和绩溪旺川的太乙桥等。至于以传说中的龙为名来称谓古桥者，在徽州更是各地皆有，俯拾即是。神话传说折射出了徽州人精神世界的理念，透视出了徽州人对美好的神仙世界生活的追求与向往。

五是以文学语言命名的古桥。以文学语言命名的徽州古桥，大多数是描绘古桥的景色或表达对某种优美景色的期盼。如歙县桂溪的毓秀桥，即是怀着对该桥"钟灵毓秀，人杰地灵"的美好祝福和期盼之情而命名。至于遍及徽州各地被称为环秀桥的古桥，除了歙县呈坎环秀桥系因建造者罗环秀之名命名的之外，其他如歙县环山、婺源长清源、祁门西溪和绩溪余川之环秀桥，都是一种文学的语言即希冀此桥环抱大自然的秀丽景色而命名的。再如歙县

图 10-10 建于元代的歙县呈坎环秀桥

练江之上的练影桥、寿民桥南之吸霞桥等，也都是以一种文学语言的方式而命名的。

六是以宗教教义或宗教人物而得名。徽州人的宗教信仰并不占据生活的主导地位，正如许承尧援引清乾隆时江绍莲所著之《歙风俗礼教考》所云："徽州独无教门。亦缘族居之故，非惟乡村中难以错处，即城市诸大姓，亦各分段落。所谓天主之堂、礼拜之寺，无从建焉。……徽俗不佛、老之教，僧人、道士惟用之以事斋醮耳，无敬信崇奉之者。所居不过施汤茗之寮，奉香火之庙。求其崇宏壮丽所谓浮屠、老子之宫，绝无有焉。"[①]但是，由于包括佛教在内的各种宗教大都提倡普度众生、倡导行善，修桥铺路本身就是一个普度众生、方便路人的最善之举。所以，徽州的古桥，以宗教教义或宗教人物（特别是佛教教义和人物）来命名的，具有相当的数量。即使是每县皆有且不止一处的通济桥、永济桥等古桥，虽是济人过往，但它与佛教所倡导的普度众生、广济天下的教义，应当说是有很大联系的。至于歙县、休宁、婺源、祁门等县九座被称为"观音桥"的古桥，实际上都是缘于对观音菩萨的佛教信仰而命名的。而婺源的普济桥，也都是缘于佛教的教义而得名的。至于那些为了修桥而到处化缘、省吃俭用的和尚尼姑，他（她）们的名字大多没有被镌刻在古桥的石碑上，但他（她）们确是集中代表了佛教信仰者对修桥事业的关注与执着。

除了以上几种主要类型以外，徽州古桥的得名还有其他一些来源与出处，如为了感激父母官的功德或希求政治的宽平，有的古桥就以父母官的功德而命名。如休宁岩脚的登封桥，就是因为倡修者徽州知府古之贤力辞百姓为他建祠铭功，人们于他远赴广东升任按察副使之际，为表示对他的祝贺，取名为"登封"。再如休宁西街的惠政桥，也是为了纪念宋代知县邢钺修桥和在休宁的惠政而命名的。而婺源凤山孝子祠前的报德桥，也是为了报答宋代御史查元的建桥功德而命名的。再如以古桥的风水朝向而命名的，徽州也有一些，其中较具代表性的有黟县县治北和歙县呈坎的戊己桥等。还有以建桥者所从事的职业命名的，如歙县潜口坤沙村的簸箕桥、上丰乡蕃村的草鞋桥，二桥的创建者分别是从事簸箕和草鞋织编为生的小手工业者，他们把织编簸

① [民国] 许承尧：《歙事闲谭》卷十八《歙风俗礼教考》。

箕和草鞋所积蓄的微薄的银两倾囊而出，用于修桥事业。为此，人们将他们所创修的古桥以他们所从事的职业相命名，体现了人们对他们建桥义举的尊重与爱戴。此外，还有一些纯粹是迷信称谓的古桥，如为了祈求降生贵子的歙县大皮坑的求子桥、祈求福荫后世的歙县荫嗣桥和绩溪县城北三里的嗣续桥等。

图 10-11 黟县碧阳镇戊己桥

徽州古桥得名于以上这些五花八门的来源，既是徽州人生活多姿多彩的集中反映，也是徽州文化博大精深的一个侧面注解。

（二）徽州古桥的建筑、保护与维修

徽州古桥作为一种人工建筑的交通设施，是否具有完善的建筑、保护和维修制度和办法，不仅关系到古桥本身的安全畅通，而且直接关系到通过古桥的行人及其交通工具的安全与否。

古桥建造的第一道程序是选址。选址一般选择在水流相对平缓、基础较为扎实、河面宽度较为适中的地方。古桥的选址确定后，接着就是规划和设计了。徽州古桥的规划与设计十分讲究桥梁与周围环境的整体协调，除单个的桥梁以外，不少桥梁还有其他一些附属性设施。我们对一些水口桥进行考察的过程中，发现徽州大部分水口桥实际上就是一处相对完美的园林景观。绩溪石家村的南山桥，作为石家一村的水口建筑，并不是单独由此一桥构成的。与南山桥一道构成石家水口园林的附属性设施，还有飞檐翘角的魁星阁。远看南山桥、魁星阁以及桥下的溪流和阁后的葱葱绿山。再如竣工于清代嘉庆七年（1802 年）的黟县南屏村水口之北的万松桥，前后历经五载。整个万松桥规模庞大，共三洞，长 12 丈、高 1 丈 6 尺、广 1 丈 2 尺。桥畔松林苍绿峥嵘，雷祖殿、文昌阁、观音楼和万松亭等亭台楼榭相连，武陵溪环绕而过，山川松柏和桥亭楼榭相间，自然与人文和谐，其设计规模之宏伟、建造之精湛，实在堪称徽州园林的代表作。面对南屏村人急公好义和叶氏宗族修桥善举，

旅居徽州的桐城派魁首姚鼐深为其感，于嘉庆八年（1803年）六月，欣然挥笔写下了一篇优美的华章《万松桥记》，以记载万松桥修建的过程。该桥记云：

徽州之县六，其民皆依山谷为村舍。山谷之水湍悍，易盛衰，为行者患，故贵得石桥为固以济民。吾至徽州，观其石梁之制，坚整异于他郡，盖由为之者多石工，习而善于其事故也。

黟之西南有叶村，村北大溪东流，达鱼亭，以合新安江水。村东西各有小溪，北流入于大溪。两小溪上有石桥四，皆叶君有广芥一先人之所为也。而大溪当村口有万松亭，亭侧架木溪上为桥，时为大水决去，村人病之，欲易石久矣，然其工巨不可就。乾隆五十三年夏，徽州蛟水发，叶村之南山崩地坏，田庐毁桥岸。其后数年，民修田庐既饰，而山崩坏未复，地脉亏败，叶氏以为忧，群出财修之。众举叶君掌其事，垒石培土，山之形势，不逾月而完，余银数千两。众喜，复请君董为石桥于村口。当昔蛟水之发，山陨一巨石于地，方三丈余。叶君视其质坚而理直，取为桥材。嘉庆七年九月，桥成，长十二丈，广丈二尺，高如其广，名之"万松桥"，以在万松亭畔故耳。犹有余石与银，叶君使工复为石桥于其溪之上流，曰"西干桥"，而村之左右旧桥尽修而新焉。

当蛟起之年，余适在歙，见被害者之远且巨，甚可伤痛。今叶君为桥，乃反因其陨石之力，因祸为福，转败为功，岂非智乎？余嘉叶村之族不吝财以营公事，而又得叶君之诚笃而明智，善任其事以督之，故众工无不举，是足书也。

嘉庆八年六月，桐城姚鼐记。[①]

规划蓝图设计妥当之后，便进入了艰苦的施工建设阶段。由于徽州的气候和地形等自然条件的限制，夏、秋两季往往是山洪暴发最为频繁和剧烈的时期，春季也经常发生汛情。显然，安排春季特别是夏、秋两季进行桥梁施工是不合适的，很容易遭受洪水而前功尽弃，施工者甚至还会有生命财产危险。因而，在徽州，桥梁的施工时间一般选择在枯水季节的冬季。按照要求，桥墩施工是整个桥梁施工的第一步，也是最为关键的一个环节。只有将基础

---

① 嘉庆《南屏叶氏族谱》卷一《桥梁》。

夯实、将桥墩砌得结实，才能保障整个桥梁的坚固。桥墩的施工与建设工作是相当艰苦的，尤其在寒冷的冬季，广大工匠们经常要站在冰冷刺骨的水中完成桥墩的砌石工作，其艰辛自然不言而喻。

图 10-12 黟县南屏村的万松桥

关于屯溪桥（也称“镇海桥”“老大桥”）桥墩施工的传说，很能反映桥墩施工的艰难程度。从大桥的方位来看，屯溪桥正好处在率水和横江的交汇之处，河面宽阔，急流湍突。该桥始建于明代嘉靖十五年（1536 年），系隆阜戴时亮捐资创建。此后历经清康熙至乾隆数百年，该桥曾两次被洪水冲圮。至乾隆三十五年（1770 年），率口人程子谦继康熙十五年（1676 年）之后，第二次捐资重建。这次重建一直到今天，虽历三百余年风雨和洪水侵蚀，仍巍然不倒。关于其中的奥妙，据传：为了重修屯溪桥，程子谦将全徽州工艺最为精湛的黟县水手和石匠集中到工地，日夜兼程，赶造桥墩。冬季冰冷的江水，使得水手和石匠们每下一次河，就要猛饮几碗酒，但因古桥工程艰巨，进展十分缓慢。相传桥墩下有一深潭，潭内有两条鲇鱼精。古桥两次倒塌，都是鲇鱼精作的怪。所以，为了使古桥桥墩建得坚固扎实，建桥者便向桥旁的卖姜老人求救。据说卖姜老人技艺高强，上通天文，下通地理，能够预知屯溪天气的风雨阴晴。卖姜老人在接受任务后，使用法术，将一条鲇鱼精支走，另一条则仍然留在潭内。卖姜老人将其喝定驮住了桥基，所以古桥桥墩才坚固无比。还有传说是鲁班显灵，用畚箕垫实了桥基。另一传说则是石工在每个桥墩底脚四周，用石头专门砌上了蜈蚣脚，使桥基深盘河底。这些传说是美好的，但它无法掩盖或者说恰恰说明了屯溪桥桥墩及整个桥梁建设过程的艰辛和难度。

图 10-13 位于新安江上的屯溪老大桥——镇海桥雄姿

由于徽州地处山区，山洪几乎年年都有暴发。所以，为了减轻或避免桥身受水冲击的压力，徽州古桥无论是石板桥还是石拱桥，几乎在迎水的一面，桥墩都突出如船尖形状。从侧面放眼望去，宛若严阵以待、劈荆化棘的锋利宝剑或整装待发的舰队。

古桥的桥墩施工完毕，通常是砌拱。这是一项技术性很强的工作，计算稍有不慎，即可能造成桥拱的塌方。桥拱砌成坚固后，即开始铺建桥面。待整个桥面铺就之后，一座若彩虹般的桥梁便竣工了。

徽州人不仅重视古桥的规划设计和建筑施工，而且还特别重视桥梁的保护和维修。毕竟一座规模庞大的桥梁，花费的钱财不菲，凝聚的心血太多。如何保护和维修、延长桥梁的寿命，不是一件简单的事情。村内的古桥，一般都有村民们约定俗成的保护规矩，而在一些交通要道和商业重镇，桥梁的保护往往还要借助于当地的地方官府。于是，由徽州知府和徽州各县县令颁示的保护桥梁的禁碑，便成为徽州各地重要古桥保护的尚方宝剑。我们在上面曾经引录的徽州知府勒石于休宁登封桥的《竣示碑》，就是徽州诸多由官府保护桥梁的最典型的禁令之一。

徽州人积善行义。在桥梁建成交付使用后，为了保护和维修桥梁，他们大都采取建立桥会的方式，筹集和积累相对较为稳定的经费。当然，桥会的经费有时来自于个人的捐款或募集，但大多数情况下，还是一种集体入会的方式。这些经费有的是现金银两，有的是田园山场，有的则是粮食和树木，等等，形式复杂多样。我们在记载徽州 1223 座古桥的文献中，发现有文字记录的桥共 8 座。它们分别是歙县许村大宅门的合溪桥（桥会由村中农民集体组织，以备古桥岁修之用）、许村前溪桥、溪上村高桥、唐里村永济桥（桥为民国十九年周国昌等募资重造，并存资立桥会）、大坦村大坦桥、溪头村马儿桥、荆村永安桥和黟县宏村木桥（桥为徽商汪立达妻吴氏出资独造，为备足长久修理之费，她又捐银立桥会）。其实，徽州古桥拥有桥会组织，负责古桥平时的值守看管和保护维修，几乎是一个普遍现象。本人搜集到一件民国三十四年（1945 年）的歙县南唐里北磻溪永济桥桥会催促会众交纳会租和敦请会员联系购买修桥树木事项的文书。透过此文书的文字，我们可以真切地知晓徽州桥会运作的一般情况。该件文书的内容如下：

永济桥会收租，定于夏历九月初八、九、十日，三日为限。届时，务乞会内远近田东必须如期完清，幸勿故延是荷。还有卅二年、卅三年之租谷，有颗粒未完者，有完而未清者。各田东须知年来桥树价高，还难购买，修桥工夫，难雇人做。以是，务希各田东览源于斯，所该旧欠租谷，理应在限期之内，一并完讫。切切。至要。

仰各田东须知：

收买桥树，请地方热心之人，或为自有，或为介绍。树价言明，树到钱清。[①]

徽州古桥的建造、保护与维修，主要依赖于徽州各地广大热心公益事业的民众。他们是整个古桥的建设者、保护者和维修最有力的参与者。正是因为有了这样广泛的群众和社会基础，徽州的古桥才能够得到大量的保护，并一直延续到今天。或许徽州文化的真正根基，就深深地隐藏在其中吧。

① 原件由卞利收藏。

二、徽州古桥的分布和分类

徽州古桥是包括村落在内的徽州聚落整体的一个重要组成部分，是徽州先人们留给我们的一笔丰厚的历史文化遗产。

根据大量的文献记载，徽州古桥在歙县、休宁、婺源、祁门、黟县和绩溪六县的地理分布如下：歙县，431 座；休宁，101 座；婺源，341 座；祁门，163 座；黟县，61 座；绩溪，119 座。应当指出的是，这些数据很不完整，即以休宁县为例，据我们所知，该县的古桥数量应当不会低于祁门。而在已经记载的数量庞大的歙县和婺源，其未被记录的有名古桥，尚有不下数百座之多。据我们所知而未被记录或未被全部记载下来的、没有纳入或是只有部分被纳入上述统计数据的还有，婺源桃溪的 36 座半古桥，歙县西溪南的 26 座，绩溪冯村 13 座，祁门六都 9 座，歙县江村的 7 座，等等。

“丹霞相对崛，幽涧小桥多。”在古老的徽州，几乎每一个村庄都有为数不下一座的古桥。至于徽州古桥到底存世数量有多少，也许我们永远都无法精确统计。

徽州的古桥不仅数量繁多，而且类型丰富。如果从建筑所用的材料来看，徽州古桥大体上有木桥、砖桥、石桥，以及木石混筑桥；若是再细一点划分的话，木桥和石桥又有板桥与梁桥之别；而从造型上划分，徽州古桥又有拱桥（含砖、石两类）、板桥（含木、石两种）。此外，徽州古桥还有曲桥、平桥、廊桥和月桥之分。

徽州的古桥真正是千姿百态。这些特色各异、设计精巧的古桥，是无数徽州人聪明才智的体现，是徽州人与自然作斗争时勤劳与智慧的结晶。板桥和平桥若平坦通途，券顶拱桥若长虹卧波，曲桥之弯弯曲曲，风水桥之玲珑典雅，廊桥之人文关怀，木架桥之实际耐用，如此等等。

斗转星移，历史的沧桑巨变使得徽州的古桥历经百千年的风雨侵蚀以及一些人为的破坏，总的数量正在不断地减少。这些古桥有的实在经不起骤然而至的山洪的冲圮，轰然崩塌了；有的则因社会经济建设的需要被人为地拆毁了。作为徽州之“徽”字来源标志的绩溪徽溪桥被拆的那年，曾经引发过一场激烈的争论，但结果是争议被搁置，古桥还是被无情地拆掉了。作为安徽省级历史文化名城，徽溪桥被拆所留下的遗憾，至今仍让一些有识之士捶胸顿足、痛心疾首。这是历史永远的遗憾。

还是在绩溪，正当我准备重访十年前曾经给我留下美好回忆的红顶商人胡雪岩故乡湖里的明代五孔石桥——中王桥时，却被告知该桥已经在六月的一场山洪中被轰然冲垮了。

（一）石拱桥

徽州规模较大的古桥，就其类型而言，绝大部分属于石拱桥。这一方面是由于山区盛产石材，另一方面也是因为拱桥远远高于水面，有利于躲避骤然而至的滚滚山洪。徽州石拱桥的桥墩呈船尖形状，从远处或从岸边望去，宛若迎风破浪的锋利的船头。这样，即使再大的洪水，都不至于冲击桥身。也正是因为如此坚固而雄伟高大的船尖形桥墩，才有可能将上游的来水分流，减轻对桥身的损坏。这是徽州人的创造，是徽州人民智慧和科技发展的结晶。

徽州的石拱桥，无论是多孔还是单孔，都显得十分壮观和巍峨，它像一道彩虹横亘在河流之上。历代文人墨客，对包括石拱桥在内的徽州古桥，大都喜欢用彩虹来形容，其道理就在于此。

徽州也是安徽至今尚存跨度最长、孔数最多的石拱桥，当数位于练江之上的歙县城西太平桥。太平桥也称“河西桥”，又名“寡妇桥”。这座建于宋代、明清两代不断重修的纵列券发式大型石拱桥，是婺源、休宁、祁门、黟县和太平通往徽州府治的必经之路，是徽州石拱桥的杰出代表。它全长294米，宽9米，高9.5米。共有16孔，17墩。该桥还在桥面中心建有石亭，供来往行人歇息。亭的两侧树有石碑，专门记载该桥的兴建事迹。中华人民共和国成立后，为了不致影响交通，人们拆除了桥上的古亭和石碑，并加宽了桥面，使太平桥成为徽杭、芜屯公路的必经之道。壮观的太平桥，作为“古歙三桥”之一，历史上曾多次维修，花费巨大，留下了一系列传说故事。

图 10-14 歙县太平桥

徽州的石拱桥数量极多，徽州府歙县的“古歙三桥”中的九孔桥——紫阳桥与万年桥都是石拱桥。徽州最有气势的石拱桥除了太平桥以外，屯溪的七洞镇海桥（原称“屯溪桥”）、休宁的十一孔夹溪桥、五孔蓝渡桥，以及祁门的阊江二桥即平政桥和仁济桥等，都是徽州古桥中石拱桥的佼佼者。它们大都位于交通繁华的县城四周或水流湍急的重要市镇，其巍峨的气势、雄伟的英姿，在徽州古桥史上留下了浓墨重彩的一笔，具有举足轻重的地位。

还有一座石拱桥是我们所不能忘记的，那就是通往中国四大道教圣地齐云山、雄溪横溪两岸的登封桥。这座位于齐云山脚下的八墩九孔岩脚古桥，原名“桥东桥”，系明朝万历时徽州知府古之贤率先兴建，是过去通往齐云山的唯一通道。齐云山自明朝嘉靖皇帝敕建宫殿并赐山额以后，四面八方的朝拜者和香客纷至沓来，络绎不绝，其中既有来自京城的朝廷命官，也有平民百姓。古人记载的“冠盖相望”“毂击肩摩”，是齐云山香火繁盛的最有力说明。然而，面对山洪暴涨时凶猛的水势，朝拜者只能望河兴叹，无奈他何。既然被最高统治者皇帝封为圣山，那么，没有桥梁相通显然是不行的。所以，从明神宗万历十五年（1587 年）开始，徽州知府古之贤便鸠工庀材，大规模地揭开了修建石拱登封桥的序幕。历经整整一年时间，古桥落成了。古之贤则谢绝了当地百姓为他勒石建祠颂功的请求。登封桥建成后，由于来此朝拜的人太多，加之山洪的频繁暴发，不久，古桥就不堪重负，出现了损坏。于是，仅在万历年间，就曾有休宁两任知县相继修复该桥。清朝康熙年间，该桥在大水冲决后，又曾重建过一次。现在的登封桥遗存，是清乾隆末年重新建立的。乾隆五十三年（1788 年），登封桥再次遭到洪水的冲击而倾圮了，黟县富商胡学梓慷慨解囊，单独捐资重建。为了使登封桥更加坚固，不会重蹈被洪水冲垮的厄运，胡学梓延请能工巧匠，采购上等石材，力图重现登封桥往日的辉煌。两年后，胡学梓不幸病故。二子继承遗志，历经四年，终于建成了这座壮观雄伟的桥梁，高高耸立在横溪河上，并在桥南、桥北各建石坊一座，上书“登封桥”三字。不久，被誉为“宰相朝朝有，代君三日无”的翰林学士歙县雄村人曹振镛省亲路过登封桥，应邀题写了一篇《重建登封桥记》。随后，徽州知府峻亮为保护古桥免受破坏，还专门颁发了一道禁令，该禁令被勒石镌刻于石碑，至今依然耸立在登封桥的北侧。碑文全文如下：

严禁推车晒打，毋许煨暴污秽；栏石不许磨刀，桥角禁止戳鱼。倘敢故违有犯，定行拿究不饶。

图 10-15 休宁县齐云山登封桥

徽州的石拱桥遍布全区境内的大川急流、小溪沟壑，在徽州位于溪流之旁的村落和水口道旁，各种单拱券顶石拱桥密集分布。其中高大则有徽州区呈坎的隆兴桥、婺源李坑的通济桥等，都是其中典型的石拱桥。这些多少带有点堪舆风水内涵的古桥，是徽州古村落中最为美丽的点缀。

（二）石板桥和木板桥

徽州古桥中的石拱桥虽然占据了大多数，尤其在旧地方志中，能够被记载下来的大量的还是石拱桥。而散见于田野小溪上的简易石板桥和木板桥，则因数量太多而很少被文献记录下来，但那确实是万千普普通通徽州百姓脚下踏过最多的桥梁。它们甚至连名字都没有，世世代代静静地横卧在那溪水旁，承受着人们日日劳作和生息的脚步。

图 10-16 祁门县高塘村的木板桥

在徽州，我们见到最漂亮的一座石板桥是位于绩溪龙川的中桥。龙川村是一块风水宝地，该村地处绩溪东南十余千米，东耸银瓶龙须山，南依天马贵人峰，西势形同鸡冠若凤舞，曲曲弯弯的登源河缓缓从村南流过。这里自古人文荟萃，明朝相继出现两位尚书。龙川古溪南岸是精雕细琢、气势恢弘的“奕世尚书”石牌坊，北岸偏东则为全国重点文物保护单位——享有“江南第一祠”美誉的龙川胡氏大宗祠。村人出村或进村，必由牌坊下面的门洞穿过。横亘在龙川小溪之上的就是并行数块长条石板铺就的双孔石板桥。从石板桥上眺望村南，远处青山连绵如茵，近处登源河雾气缭绕，这简直就是一幅秀丽的山川风景画。往北是一条幽深的小巷，直通村中人家。这也许就是过去龙川村的官道。关于中桥的来历，据村中的居民介绍，原先龙川上有三座桥，因为这座石板桥正好位于三桥中间，且在进村的中轴线上，故而得名。

徽州的木板桥也有很多，毕竟山中盛产木材，不费多少人工，搭一块或数块木板，即可顺利地沟通隔断的溪流两岸。事实上，历史上很多桥梁都是木板做的浮桥。只是历史的沧桑巨变，当年的木板早已被洪水冲走，或者腐朽不存，或者被改建为坚固耐久的砖桥或石桥。所以，如果执意要去寻找徽州木板古桥的话，还真的像大海捞针一样困难呢！我们今天所能看到的徽州木板桥，几乎都是经过翻新重建过的。

徽州木板桥的规模一般都很小，小得让人对它没有记忆。不过，我们在徽州乡间调查时，还真的发现规模宏伟的木板桥呢！这座木板桥横躺在川流不息的绩溪龙川村登源河上。这座长达八十余米，由数十块杉木板以粗铁链和铆钉相连，支架在23个梯形桥脚架上。这就是著名的“杨尼姑桥”，简称“杨桥”。听村中说，此桥原为杨姓尼姑为还愿，多方化缘积攒所建，故名“杨尼姑桥”。这是龙川村人前往村南田地里耕作时的必经之路。

（三）廊桥和亭桥

最能体现徽州人文关怀的徽州古桥，应当数遮风避雨的廊桥了。

廊桥，顾名思义是指在桥上建有走廊，能够为行人遮风避雨的桥梁。徽州文化的深层次的或者说其实质性的内涵，还在于儒家的传统思想，朱熹的理学思想实际上集中代表了中国封建社会后期的主流思想。而徽州奉朱熹思想为圭臬，其实就是一种儒家文化。儒家文化最讲究孝弟观念，积阴德、行善事，历来为儒家思想所提倡。徽州人无论修桥筑路，在某种程度上说都是一种积阴行善的事情。在一本题为《文昌帝君阴骘文直讲》的小册子中，记载有关文昌帝君劝人积阴行善的文字，这些事情包括“剪碍道之荆榛，除当途之瓦石，修百年崎岖之路，造千万人来往之桥”。尤其是关于“造千万人来往之桥一节”，集中讲述了造桥积德的好处，说：“凡千万人来往的桥，是必要修的。凡有水无桥之处，若不造桥，千万人就不能来往了。必造一桥，叫千万人好来往。或是有桥之处坏了，也必修好了。造桥的人叫千万人都方便，阴功最大。有为造桥成仙的。所以，桥不可不造。”①

是的，素有积阴行善美誉的徽州人，不仅克服了重重困难，甚至为此而花费了一生的积蓄来修建桥梁，为千万人谋取方便，而且还注重桥梁上设施的建设。风雨廊桥就是他们为方便千万人而特地建设的一项积阴功的工程。我们统计了现存的徽州廊桥，大体上只有20座左右了。它们零散地分布在歙县、休宁、祁门和婺源等地，著名的有婺源清华镇的彩虹桥、甲路的花桥、歙县的北岸廊桥、唐模和许村的高阳桥、绍村长生桥和贤源的观音桥、休宁的拱北桥，以及祁门桃源廊桥等。

图10-17 婺源清华镇彩虹廊桥

在这十余座廊桥中，规模最为宏伟壮观的，首推彩虹桥。彩虹桥位于婺源北部重镇清华镇清华村的婺水河上游，系取唐诗“两水夹明镜，双桥落彩虹”之句而得名。该桥建于唐代，时为小木桥。在宋代徽州建桥高峰时，被改建为长廊式人行桥。该桥全长140余米，宽6.5米，是一座四墩五孔的青石木梁廊桥。桥墩呈半截船形，每个桥墩之间由木梁横联，桥面为木板铺制。桥上缘瓦结顶为廊，错落形成11座相连的阁亭。廊桥两侧有围栏和美人靠，廊桥内侧还有专门的石桌和石凳，供行人观赏和休憩。桥上还设有神龛，供

①《文昌帝君阴骘文直讲》。

奉着上古治水英雄大禹、彩虹桥创始人胡济祥以及重修此桥的胡永班。据说，当年胡济祥为了建造这座廊桥，花光了积蓄，乃负钵化缘，最后修成此桥。彩虹桥的桥头还立着四通石碑，其中三通是历史碑刻，一通为20世纪80年代中后期所立，它们都毫不例外地记载着当年重修这座美丽廊桥的真实历史。桥的两头廊檐下都分别挂着一块“彩虹桥”的木匾。桥内还有一块木匾，上书“长虹卧波”四个大字。站在婺水两岸的堤坝上，自远眺望彩虹桥，黑色的桥墩、红色的廊桥和清澈的河水，把整个彩虹桥装点得分外妖娆。正如桥上一副对联所云:“清景明时，彩画辉煌恢古镇;华妆淡抹，虹桥掩映小西湖。”

北岸廊桥位于歙县北岸棉溪河上，又称“北溪桥”，系二墩三洞的石拱桥。桥长33米，宽近5米，高6米，桥上廊高约5米。它建于清康熙四十九年即公元1710年，距今已有三百余年的历史。这是一座相对封闭的廊桥，桥南、桥北两头各有拱形圆门出入，桥上建有美人靠，供来往的过客歇息小坐。在廊桥的南端门楣上书有“乡贤里”三字，北门楣额上则书有“谦庵旧址”四字，另有指路的石刻“往府大路过桥”。廊桥内共有12列11间，中间为2列，供奉着佛龛。桥的东西两侧的墙壁上分别开有八个风洞窗，窗的形式各异，有满月、弓月、花瓶、葫芦、刀币、桂叶等形状。从每个风洞口望去，外面的景色都各不相同。

北岸廊桥佛龛两旁有两副佛教谶纬式的对联，其文字分别是:

(1)里联:“紫竹林中观自在，莲花座上显金身”;(2)外联:“若不回头谁替你救苦救难，如能转念无须我大慈大悲”。

图10-18 祁门县桃源廊桥

位于徽州区唐模的高阳桥，亦称“观音桥”。据说该桥是因桥上庙屋中曾经供有观音菩萨的神位而得名。而高阳桥的得名，则是由于聚居于该村的许氏宗族，其始祖曾被封于高阳郡，故而以此命名，以示不忘先祖。桥左里门额上题词和文献记录表明，该高阳桥建于清代，系村人许可云所建。

图 10-19 歙县唐模村的高阳桥

同样被称为高阳桥的廊桥，还有比唐模更精致的，那就是歙县许村的高阳桥。许村高阳桥桥名的来历也和唐模的相同，都是因为建桥者是高阳许氏的缘故。这座高阳桥比唐模之桥更为壮观，建造的年代也更为久远。据载，许村高阳桥为宋元之际居士许寿所建，初为石垛木桥。大约在明朝弘治年间，许寿后人许胜生多方筹资，加以重建，并易木以石。还是明朝的嘉靖三十六年（1557 年），高阳桥遭洪水冲圮而坍塌。于是，许胜生之裔孙许法安乃率族众捐资修复，并构亭榭于桥上，使之成为一座美轮美奂的廊桥。此后，清朝康熙年间，高阳廊桥被族人两次重修。重修后的高阳桥为双孔石墩拱桥，桥面即是砖木结构的遮蔽风雨的长廊。长廊内呈 T 列开间，两侧各有六根木柱和六扇花窗。木柱上装有木凳，供来往之人闲坐。花窗则分别呈方形、圆形和六边形，十分别致有趣。居中的一间南侧专门设置了佛龛，两对圆窗，窗左帜有一焚纸烧香的宝窟，炉砌于桥外分水尖上，以供人膜拜。中部三间上有天花，彩绘有飞凤游龙；桥廊外观为三大间，中间略高，使脊线山墙参差错落，桥东侧门洞外是一座挺拔耸立的双寿石牌坊。整个廊桥桥顶经过匠心独运的精巧设计，远看近观都呈“山”字形状。而高高上翘的廊桥六角檐顶，被雕成各种吉祥兽状，并佩以铁铃。清风吹过，铁铃叮当作响，悦耳动听，甚是可人。

图 10-20 歙县许村高阳廊桥

徽州的廊桥还有许多，限于篇幅，我们无法一一细说。而类似廊桥的亭桥，在徽州也堪称是桥中一绝。

亭桥如同廊桥一样，也是由于在桥上建亭而得名。这种亭桥一般规模都不大，这里所讲的亭当然并不是如歙县练江太平桥那样在桥中建亭的样式，而是指把整个桥梁上部遮挡起来，至于桥头桥尾和桥面左右，则是四面透风的，除了支柱之外，并无任何遮蔽。远看上去，就同乡间的路亭一样。这样的桥梁，现在被保存下来的已经不多了。即使还有一些，也大多经过了翻新和重建。

徽州亭桥所体现的人文意义，正如廊桥一样，更多的是一种对行旅之人浓浓关怀的情意。我们在过去的方志和文书中，经常会读到关于某人捐资或募资修桥的同时，又想方设法捐款或筹款建亭的事迹。亭桥正如徽州现存的许多路亭一样，它是人生的一个小小的驿站。南来北往、东奔西走的匆匆行人们，或为利来，或为利往，能够在遮阳挡雨的简易亭桥上坐上一坐，也许不仅是歇脚，而且更是一种人生驿站中的短暂停顿。我们没有见到亭桥的对联，但是，我们发现了徽州不少路亭的楹联。它们的意义几乎和亭桥等同。在这里，我们将绩溪扬西岭脚茶亭上的一副长联照录于下：

这边到路南，那边到路北，浮生匆匆，世事悠悠，保不住白璧黄金，留不住朱颜玉貌。富如石崇，贵如杨素，朱绿红拂竟何在？请子且坐片时，喝一杯说三道四，得安闲处且安闲，历经坎坷皆顺境。

此日在河东，明日在河西，前途渺渺，后顾茫茫，夸什么碧血丹心，掌什么青灯朱卷。勇若项羽，智若孔明，乌江赤壁总成空。劝君姑息片刻，听两句论古谈今，有快乐时须快乐，出得阳关皆故人。

桥是人生，也许从徽州传统村落中廊桥和亭桥中，我们能体会和感悟到更深更深的人生与社会的真谛。

第十一章

徽州村落中的古戏台及其建筑特色

一、徽州村落中的古戏台及其遗存现状

徽州的聚落建筑文化源远流长，现保存下来的明清时期各类建筑，特别是戏台建筑数量可观，特别是祁门县的新安乡、闪里镇一带的古戏台群落能完整地保留至今，即使在全国也是十分罕见的，这说明徽州古代人们热爱演剧活动。正如明末歙县知县傅岩所指出的那样，“徽俗最喜搭台观戏”[①]。这些戏台内容丰富，极富地域性特点，且具有代表性，它们以“布局之工、结构之巧、装饰之美、营造之精”而被世人称奇，不仅可以体现中国古代民间建筑的艺术风格，更体现了几百年前古徽州村落建筑文化的重要特征和乡土民俗。

徽州的古戏台大多建造在宗族祠堂内，它是祠堂建筑群整体的一部分。概括起来说，徽州古戏台有两种形制：一种是戏台与祠堂前进合为一体，不演戏时是祠堂的通道，装上台板，就是戏台，这种戏台被当地人称为“活动戏台”；另一种是戏台也建在祠堂内，但是是固定的，这种形式的戏台则被人称为“万年台”。这些古建筑群体建造精良，作为村落和祠堂的重要组成部分，它融实用和艺术功能为一体，反映了明清至民国时期徽州民间戏剧艺术的真实面貌。

古戏台祠堂的基本平面布局一般为三开间或五开间，进深三进两明堂（天井），戏台为门厅部分，中进享堂，后进为寝堂，天井两边为廊庑，部分前

① ［明］傅岩：《歙纪》卷八《纪条示·禁夜戏》。

进廊庑建成观戏楼，又被今人称作“包厢”。梁架为木结构，外围砖墙封护，内部基本为对称布局，天井作采光通风用，两侧有耳门通街巷。戏台做工讲究，有的台面挑檐，额枋间布满了装饰的斗拱或斜撑，尤其是额枋上雕刻着各种戏文、花鸟图案。两侧看台长廊是由石柱或木柱擎起的，观戏楼饰以精巧的木雕花板及花鸟虫鱼油漆彩画，整个戏台蕴意丰富、构架完美。

徽州现存的古戏台主要分布在祁门县城西新安乡、闪里镇汪家河、文闪河流域，以及歙县、休宁县、婺源县（今属江西）等地。祁门县与江西省浮梁县交界，有一定的区域性。这里旧时“山水掩映、奇峭秀拔、风景绚丽”①，顺水而下，可通达江西鄱阳、九江，北上越岭，即入池州、安庆府地，因此是徽州文化、亚徽州文化、赣文化的交融处，同时也是徽州文化向外渗透的窗口。

根据调查，祁门县现有的古戏台遗存共有 11 处：其中新安乡 8 处，即珠林村“余庆堂古戏台”、叶源“聚福堂古戏台”、上汪“述伦堂古戏台”、李坑“大本堂古戏台”、长滩“和顺堂古戏台”、良禾仓“顺本堂古戏台”、洪家“敦化堂古戏台”、新安的“新安古戏台”；闪里镇 3 处，即坑口“会源堂古戏台”、磻村“敦典堂古戏台”和“嘉会堂古戏台”；歙县 1 处，为璜田古戏台；婺源县 1 处，为镇头乡“阳春戏台”。现将这些古戏台的现状简述如下：

（一）余庆堂古戏台

俗称“万年台”。位于祁门县新安乡珠林村，距乡政府所在地三千米，西南与江西接壤，西北与东至县毗邻，建于咸丰初期 (1851—1861 年)。珠林村四面环山，山清水秀，龙溪河绕村而过，“余庆堂”就耸立在村中心。古戏台为赵氏宗祠“余庆堂”之一部分，

图 11-1 祁门县珠林村余庆堂古戏台

① 康熙《祁门县志》卷一《序·姚可山序》。

"余庆堂"与其他宗祠一样，分前、中、后三进，所不同的是其前进建成戏台，天井两侧是观戏楼，与主戏台连成一体，建筑工艺讲究，雕梁画栋，金碧辉煌。祠堂坐西朝东，戏台则坐东朝西，祠堂面积 504.08 平方米，其中戏台和观戏楼占地面积 136.72 平方米。

珠林村村民以赵姓为主。据考，赵氏祖甘肃天水郡，后分支迁徙祁门新安乡老屋下村，子孙繁衍，赵友善一支又迁珠林。清咸丰初年，由赵友善的第八代孙赵昌阳、赵五保二人牵头建祠，因老屋下的祖祠名"积庆堂"，珠林赵氏一世祖名"友善"，取其"积善之家，必有馀庆"，又因珠林村前小河名龙溪河，故此台又称"龙溪天水万年台"。

古戏台台面距地面 2 米，分前台和后台，前台又分正台及两厢。正台为表演区，两厢为乐队伴奏所用。戏台正立面制作工艺讲究，饰有装饰性斗拱，内外额枋、斜撑、月梁部位均雕刻着各种精巧的戏文、花鸟图案。戏台天花为藻井式，两列观戏楼上也雕刻或绘有精美纹饰，整个戏台装饰性很强，是安徽省目前保存最完好的古戏台之一。

（二）会源堂古戏台

位于祁门县闪里镇坑口村。坑口，古名"竹溪"，又名"竹源"。会源堂位于村东，坐北朝南，背山面水，文闪河汇上游诸水，于祠前成一泓清潭。竹源陈氏由此分迁他乡及外州邑者，均溯此为源，故名"会源"。会源堂乃竹源陈氏宗祠，始建于明万历十五年 (1587 年)，[①] 后由陈枝山兄弟重建，享堂为民国十一年 (1922 年) 重建。

图 11–2 祁门县坑口村会源堂古戏台

会源堂由戏台、享堂、寝堂三部分组成，总面积 600 平方米，戏台坐南朝北，面积 97.44 平方米，观戏楼及天井 206.56 平方米。台前基础以砖石砌

① 参见光绪《坑口陈氏宗谱 · 祠堂》。

成，台面以木桩支撑，上铺台板，为固定式。戏台后壁即祠堂南墙，不设大门，是为该祠一大特色。前台明间为演出区，两侧各有厢房，为乐队伴奏处。台前设有石雕栏板，两侧有楼梯与观戏楼相连。戏台正中央顶部有穹形藻井。梁架结构为穿斗式和硬山搁檩式，各种雕饰布及戏台和观戏楼正立面，整个戏台雕梁彩宇，装饰性较强。两侧观戏楼前檐柱为方形石柱，柱台上设有菱形斗拱。天井下以青石板铺地，十分规整。戏台墙壁上各地戏班的信手题壁仍依稀可辨，上自咸丰三年（1853 年），下至 1986 年，安徽和江西两省的彩庆班、和春班、四喜班、同乐班、景德镇采茶剧团、怀宁县黄梅剧团等均曾来此演出，其中尤以清同治、光绪年间为盛。这些珍贵的题壁文字是研究徽州地方戏剧史极为重要的原始资料之一。

（三）敦典堂古戏台

位于祁门县闪里镇磻村下首。磻村，地处皖赣边境，与江西省浮梁县严台交界。敦典堂为村中陈氏宗祠，与坑口陈姓同属一宗。祠堂坐北朝南，由门楼、戏台、廊庑、享堂、寝楼组成，总建筑面积 340 平方米。戏台、天井及廊庑面积 170 平方米。原设有观戏楼，被雷击后毁，民国时复建为廊庑。戏台底层以活动短柱支撑台枋，上覆以台板，为可拆卸活动式戏台。

图 11–3 祁门县磻村敦典堂古戏台

二层前台为演出区，正中顶部设有穹形藻井。两侧厢室为乐器伴奏处，明间额枋上刻有“五福捧寿”及其他装饰。柱头、斜撑、雀替、平盘斗等构件刻有纹饰，包括一些定型化神仙人物，象征吉祥如意的龙狮动物、夔纹等。戏台以漆饰涂抹表面，柱身为黑色，隔扇、月梁等为朱色，含有赣文化的浓郁色彩。整个戏台布局紧凑、朴素、简洁而又趋于变化，灵活而又工整，堪称戏台建筑艺术的杰作，也是安徽省目前保存最为完整的古戏台之一。

（四）嘉会堂古戏台

位于祁门县闪里镇磻村。坐北朝南，共三进，三开间。祠堂建于清同治年间（1862—1874年），现存前进古戏台及后进寝堂部分。其中古戏台部分通面阔10.3米，进深7.63米，后进寝堂通面阔10.41米，进深6.25米，总进深为38.89米，中进享堂及前进天井加入口耳门面阔约为15米，占地面积为505.05平方米。整个建筑由门厅、戏台、边廊楼上厢房、前天井、耳门、享堂、后天井、寝殿、楼上堂等组成。现中进享堂已毁，前后天井东西两侧均有耳门与巷道、民房相通，原享堂部分仅存柱础、柱顶石等。该建筑朴实、小巧，梁架用料较大，技艺熟练，工艺精巧，木雕饰件虽少，但工艺线条流畅，结构为徽州祠宇中常见的叠梁式，梁架作冬月梁，梁下用雀替承插梁头，檐口老椽上铺望板，前进按徽州传统古戏台做法布设戏台，前天井边廊设跃层楼上厢房，享堂前后檐柱与金柱间饰弯弓椽轩顶，正厅五架梁上饰覆水轩顶。

该祠属于徽州传统的祠堂与戏台相结合的范例之一，整个地坪除天井及阶沿石地坪外，其余的大部分为方砖地坪或大地板。整个建筑朴素大方，马头墙高翘，显得端庄怡人，充分体现了徽派建筑独有的特色，有着较高的建筑艺术价值。该祠主门面南，前檐柱外用砖墙封护，大门设在檐柱中列封护砖墙上，并有水磨砖及青石门框，设门楼。从大门进入即为戏台部分，也即门厅部分，戏台柱除祠堂本身结构主柱外，另根据台面设置需要附加短柱支撑台板，是徽州目前保存较完整的古戏台之一。

（五）敦化堂古戏台

位于祁门县新安乡洪家村。坐北朝南，建于清道光年间（1821—1850年），原为洪氏宗祠，三进三开间，通面阔9.45米，通进深19.77米，占地面积186.83平方米，建筑面积为240平方米，整个建筑由门厅、戏台、边廊、前天井、享堂、后天井、寝堂等组成。正壁原

图11-4 祁门县洪家村敦化堂古戏台

悬挂有“敦化堂”字匾，梁柱上挂有楹联。

建筑结构为徽州祠宇常见的叠梁式及穿斗式，享堂前檐柱与金柱之间为卷棚轩廊，厅堂覆水轩顶，寝堂正间后金檐柱之间设神龛，今存有供桌等物品。该祠前进门厅、戏台同徽州传统祠宇建筑风格较为一致，入口大门设在中列前檐柱间，前檐柱外封砖墙，门开在砖墙上，进入大门后即为古戏台，古戏台除祠堂门厅本身置柱以外，另根据需要设短柱支撑台面，该柱础较简易，额梁上雕刻人物戏文，檐口为反向变弓卷棚木基层，雀替、斜撑、格扇、梁枋上雕刻极为精致，线条流畅。边廊连接戏台，结构从戏台门厅边列檐柱起斜撑挑头出檐，顶为弯弓椽望板顶，檐出老椽，飞椽。敦化堂古戏台是徽州目前保存较完整的古戏台之一。

（六）述伦堂古戏台

位于祁门县新安乡上汪村，坐北朝南略偏东，建于民国十六年（1927年）。原系汪氏宗祠，共三进，现存前进古戏台及享堂、边廊厢房。三开间，总面阔13.75米，通进深21.59米，占地面积约为291.36平方米。原整个建筑由祠前巷、院墙、卷拱门洞、门厅、戏台、边廊楼上厢房、前天井、享堂、后天井、耳门、寝殿组成（已毁）。天井东西两侧耳门外有巷道房相通，原享堂正壁上悬挂“述伦堂”字匾，享堂前檐额梁上分别悬挂“贡元”“四世同堂”“椿萱并茂”三块镏金字匾，现已不存。

整个建筑精致小巧，但梁架用料硕大，技艺熟练，工艺精巧，木雕饰件精致，线形流畅，结构均为徽州常见的叠梁式。梁架作冬瓜月梁，梁下用插拱或雀替承插梁头，檐口为反向罗锅椽。前进按徽州传统古戏台做法布设戏台，前天井边廊设跃层楼上厢房，该祠属于徽州传统的祠堂与戏台相结合的典型范例。整个地坪除天井通道及阶沿石为石板铺设，天井为卵石拼花铺设外，其余均为卵石拼花砌垫层，三合土夯打出光地面，是徽州目前保存较完为整的古戏台之一。

（七）和顺堂古戏台

位于祁门县新安乡长滩村，坐北朝南，建于清同治年间，原为赵氏祠堂。共三进，三开间，通面阔11.63米，通进深32.57米，占地面积378.8平方米，建筑面积 454.5 平方米。整个建筑由祠前广场、门厅、古戏台、边廊、前天井、享堂、后天井、耳门、寝堂、耳房、楼上堂、神龛等组成，原堂正壁悬挂的“和顺堂”以及享堂檐梁柱上字匾、楹联均已不存，仅存痕迹。

地坪除前天井为卵石地坪、后天井为石板地坪、阶条石以外，其余均为三合土打光地面。整个建筑外观朴素大方，充分体现了徽派建筑独有的特色，有着较高的建筑艺术价值。该祠前进门厅同徽州传统祠宇建筑风格一致，大门设在檐柱中间，前檐柱外封护砖墙上，门上有门罩。门扇已失，进入大门后即为古戏台。古戏台除祠堂本身柱为戏台柱以外，另根据需要另设短柱支撑台面，该柱础较简易。也是徽州目前保存较完整的古戏台之一。

（八）顺本堂古戏台

位于祁门县新安乡良禾仓村，坐北朝南，建于清末，原系赵氏宗祠。共三进、三开间。通面阔 11.32 米，通进深 26.81 米，占地面积 303.5 平方米，建筑面积 396.3 平方米。整个建筑由门厅、戏台、边廊廊上楼（包厢）、前天井、享堂、后天井、寝堂、耳房、楼上房、神龛等组成，前进天井有耳门通向两边巷道及民居。原享堂正壁悬挂的“顺本堂”以及各梁额及柱上字匾、楹联均已不存，仅存痕迹。

图 11-5 祁门县上汪村顺本堂古戏台

整个建筑体量不大，却十分精致，梁柱用料较为考究，整个建筑雕刻部分虽少，但显得朴实大方。边廊连接戏台设看台长廊，起二层楼，楼上称作“包厢”，是徽州目前保存较完整的古戏台之一。

（九）新安古戏台

位于祁门县新安乡新安村，坐南朝北，建于清光绪年间，原系祠宇。现存前进古戏台及前天井卵石地坪。戏台部分通面阔 9.46 米，进深 32.38 米，占地面积约 306 平方米，整个建筑原由戏台、边廊、前天井、享堂、后天井、耳门、寝堂等组成，后进部分现已毁。

戏台为徽州传统戏台做法布设，可随时拆设，整个戏台架空于下面人行道路之上。天井为卵石地坪，外观朴素大方，体现徽派建筑特色。是徽州目前保存较完整的古戏台之一。

（十）大本堂古戏台

位于祁门县新安乡李坑村，坐北朝南，建于清同治十三年（1874），原系陈氏宗祠。共三进，三开间。通面阔 10.42 米，通进深 32.8 米，占地面积 341.8 平方米。整个建筑由祠前广场、门厅、古戏台、边廊、前天井、享堂、后天井、耳门、寝堂、厢房、神龛等组成，前天井东西两侧耳门外靠巷道，与民居相通。原享堂正壁悬挂有“大本堂”以及字匾和楹联。

整个地坪除天井及阶条石以外，其余均为卵石垫层，三合土夯打出光地面。整个建筑外观朴素大方，充分体现徽派建筑独有的特色，有着较高的建筑艺术价值。该祠前进门厅同徽州传统祠宇建筑风格一致，中进金柱间设有仪门，门前设有抱鼓石；仪门内设可拆卸活动戏台，在演戏时搭设，祭祀等大型活动时拆除。大本堂古戏台是徽州目前保存较完整的古戏台之一。

（十一）聚福堂古戏台

位于祁门县新安乡叶源村，坐北朝南偏东，建于清早期，系王氏祠，共三进、三开间，现存前进门厅古戏台及享堂、边廊、寝堂。通面阔 10.14 米，通进深 33.01 米，占地面积 332 平方米，整个建筑由祠前广场、门厅、戏台、边廊、前天井、享堂、后天井、耳门、寝殿等组成，天井东西两侧耳门外与巷道及民居相通。

图 11-6 祁门县叶源村聚福堂古戏台

主体建筑梁架规整，作冬瓜月梁，梁下用插拱或雀替承插梁头，檐口铺椽，设正椽。按徽州传统古戏台做法布设戏台，是徽州目前保存较完整的古戏台之一。

（十二）璜田古戏台

图 11-7 歙县璜田古戏台

璜田戏台位于歙县璜田乡璜田村中，坐南朝北，前有广场。始建于清朝康熙四十七年（1708年），重建于民国二年（1913年），开间 15 米，入深 10 米，脊高 10 米左右，檐高 8 米左右，台高 1.7 米。台基前部竖以料石。台口呈八字形，八字墙外壁做成假门，门柱、门楣饰以细腻木雕。左右副台的壶门、隔扇，上部都有细腻雕作。檐口大梁正中悬一“和声鸣盛”横匾，金碧辉煌，后台通间作化妆室和演员寝室。现为安徽省第七批省级文物保护单位。

（十三）阳春古戏台

位于婺源县镇头乡阳春村，建于明代嘉靖年间，前连方家宗祠。面阔 10 米，进深 7 米，高 8 米，占地面积 70 平方米，可容纳观众四五百人。戏台上屋为大木榫卯组合建筑，飞檐戗角，十六个反翘式飞檐左右前后对称。梁架角斗拱，圆形尖角藻井，层层重叠，外形美观，结构牢固。戏台前明枋雕刻有“双狮戏珠”图案。戏台高 1.7 米，由 8 根方柱、26 根圆柱支撑。前台设置有 8 门（正面 4 门，台侧左右各 4 门），方便演员同时出入，中有照壁，后台略小于前台，次间呈八字形，左右有抱鼓石各一。前后台面积共 50 平方米。粉墙上记录了众多戏班的题壁。是目前保存较完整的占戏台之一。

图 11-8 婺源县阳春古戏台

二、徽州古戏台的建筑特色及其题壁

（一）徽州古戏台的建筑特色

徽派古建筑以含蓄、细腻而著称于世，其“粉墙矗矗，鸳瓦鳞鳞，棹楔峥嵘，鸱吻耸拔”。“徽州聚族居，最重宗法”，“姓各有祠统之”，“社则社屋，宗则有祠”。[1]可以说，徽州的祠堂建筑是徽派古建筑的重要代表之一。

徽州古戏台大都设在祠堂里，从外观上看和祠堂共为一体，其共同点是外墙很实，底部用条石作基础，顶部做成迭落形或弧形，用青瓦做堞，端部形似马头，对外一般不开窗户，与巷道相通的为两侧耳门，大门在正面，通常正门前有抱鼓石，门下有石须弥座，门上有门簪，祠内木构多为抬梁式和穿斗式结合，檐部多饰以斗拱，梁砣、雀替、斜撑，额梁上多雕刻着人物戏文、花鸟虫鱼等图案。外墙均以白石灰粉饰，显现出古建筑在青山绿水中黑、白、灰色调的协调统一。

戏台位于祠堂内前部，与享堂相对，这是有别于其他地区戏台设置的典型特征之一。固定式戏台和活动式戏台的形制视情况而定，朝向随祠堂，并与享堂相反，从现存古戏台来看，固定式戏台祠堂一般不设大门或门楼，有的仅在两侧设门进出。而活动式戏台祠堂均设大门和门楼，有的无须拆卸，可开启大门，由戏台下入内，这是由于在结构处理上使后台退让大门开启的位置所致。

《释名》曰：“台者，持也，言筑土坚高，能自胜持也”，“或叠石高，或木架高……俱为台。”最早搭建的台并非用来演戏，而是为了登高望远。戏台的形成，应该说有个渐变的过程。现存的徽州古戏台大多为明清建筑，作为祠堂的有机组成部分，其平面布局是以群体建筑为目标，平面铺开，相

① 方玉良：《龙川胡氏宗祠的建筑艺术》，载《规划师》1995 年第 1 期。

互连接和配合，重视建筑物平面整体的有机安排，与祠堂的享堂、寝堂呼应，体现了端重、方正、井井有条的理性精神。其空间布局则讲究传统的严谨均衡，又求灵活舒畅，合理地利用门楼内空间构筑为台，使人们在宗族活动之余能够在宽松、和谐、舒畅的美感中得到放松。这种巧妙的组合，真乃徽州人的一大创举。尽管台上在赤裸裸地进行伦理教化，但台下宗族内部在进行着残酷的阶级压迫。就戏台本身而言，“可用、可观”性仍然占有重要地位。

在结构处理上，戏台主体建筑基本上采用干栏式，梁架结构为穿斗式、硬山搁檩式，并最大限度地利用地方上的一些做法，使各部分的组合相当完美，发挥不同建筑材料的物理性能。立体造型上采用徽派建筑惯用的风火山墙，这种呈跌落的台阶形式，轮廓线横平竖直，它突出封住木构架，起到防风和防火的功能，屋顶形式分歇山式（当地称“五凤楼”）、双坡式两种。

戏台以木质材料为主，与祠堂大门紧密相连（有无大门的），五开间或三开间，分为前台和后台。前台明间为演出区，次间为文场、武场乐间，稍间为廻廊。两侧廊庑设有观戏楼（极少数不设），有的在挑檐额枋间饰以装饰性斗拱，这些视等级、地位、财力而定。应用雕刻工艺作为建筑中某些部位、某些构件的装饰手法，是徽派古建筑风格的重要组成部分。在戏台的梁架、额枋、月梁、斜撑、平盘斗、雀替等构件上均雕刻精美的纹饰，纹饰以传统戏文剧目为主，间以人物、花卉、走兽。还有的在戏台天花绘以彩画，观戏楼的走马板、彩画木地俱作淡灰色，不捉麻提灰，设色清丽绝俗，使人感到优美、恬静。

值得注意的是藻井在徽州古戏台上的运用。在戏台明间（演出区）的正中央天花处，设有层层上叠、旋收成屋顶的穹井，名曰“藻井”。藻井的其作用不仅在于装饰美观，更主要的是穹井所形成的回声能造成强烈的共鸣，使演员的唱腔显得更加珠圆玉润，观众在远处也能听得清楚。从现存戏台看，清中期以后的戏台中央天花大都设有圆形藻井，明代及清早期戏台均无藻井。所谓藻井原为宫殿、坛庙、寺庙建筑中庄严雄伟的帝王宝座上方或神圣肃穆的佛堂佛像顶部天花中央的一种“突然高起，如伞如盖”的特殊装饰。汉时《风俗通》就载有“今殿做天井，井者，東井之像也。藻，水中之物，皆取以压水灾也”。最初的藻井，除装饰外，有避火之意。后人们在使用过程中又发

图 11-9 祁门县坑口村会源堂古戏台藻井

现了其物理特性，吸音和共鸣，这种发现自然而然地被运用到戏台当中。徽州古戏台的藻井分为上、中、下三层，剖面呈倒置的喇叭形，束腰，S状轩蓬，层层里收至顶部，达到吸音、共鸣的目的，顶部中央有雕刻成莲状垂头，这同北方的官式建筑的藻井相异，用途也有所不同。

戏台前部，设有雕刻栏板，既有装饰效果，又达到安全之目的。两侧廊庑上设置的观戏楼，小巧玲珑，内设形同美人靠，观戏窗上组合有几何形纹的窗棂，不但美观，而且不挡视线。透过窗棂可观看戏台上的整个演出活动，非常惬意，是当地有名望、有地位的族人以及大户小姐观戏之所在。有的考虑到防水的需要，在观戏楼的前檐柱采用石柱，可防霉、防腐。天井下的地面均采用青石板条铺砌，设置散水及排水沟，廊庑地面则采用地砖或卵石墁地，颇具地方色彩。徽州古戏台在建筑艺术上还在于细部的装饰表现，其屋脊、壁柱、梁枋、门窗、屏风、檐披、斗拱、雀替、耍头等，这使得戏台建筑更显富丽堂皇。

以上仅以戏台建筑部分作为论述依据，实际上，戏台与祠堂整体建筑休戚相关、密不可分，由于对徽州祠堂建筑研究的论述颇多，且有较多的共同点，故这里不多赘述。

（二）古戏台的题壁

戏剧是一种时间与空间相结合的艺术，一场戏剧演唱完毕以后，对于观众视觉和听觉的作用亦便随之而消失。因此，尽管明清时期徽州地区的演出活动极为频繁，但由于缺乏这种舞台演出活动的形象记录，今天我们要推断和研究数百年前徽州戏剧演出活动无疑是十分困难的。好在古戏台当年戏班演出的信手题壁为我们留下了珍贵的文字记录资料，从而为我们研究徽州戏剧演出活动的历史提供了直接而可靠的依据。

徽州古戏台的题壁主要见诸祁门的一些戏台，这些题壁包括演出的时间、戏班的名称、角色、剧目、管理和场次等内容。在祁门珠林村余庆堂古戏台墙壁上就留有以下文字的记录，它们分别是："光绪十年十月二十日，进门乐也，新同广里"；"光绪十五年"；"光绪二十五年九月初三日□□也，黄邑同光班，□□松箱，夜丑□本《赶子图》"；"光绪二十六年；栗里复兴班又二十二日到乐也，目连戏彩班□合旺新同兴"；"光绪二十九年□望月进门，《天泉配》"；"合义班民国七年"；"秋浦郑同福班，民国十六年小阳月进门，《解宝》《逼生》《看女》《十八扯》，夜《芦口河》《黄鹤楼》《长河打刀》。十一日，《乾坤带》；二十六日，《跑城》、《走广》，夜，《青宫册》《章台》《三司》《开店》"；"安徽省望江县新坝四门业余黄梅戏剧团捌伍年新正月二十六日在此演出"等。

祁门洪家敦化堂古戏台也有一些题壁，它们是："建邑乐善堂，民国二十年十月初五日到此一乐也。汪家土箱主北脚，陈荣章正生、常玉璋小生、汪焰宽□□、毕成桃小丑、江月明正旦、汪加文花旦、范五台闺门、祝四美□□，汪小老管帐、擅得安皱板、小胡管衣箱。初五日，川戏一本；夜，《告京臣》上下本。初六日，《双合镜》一部；夜，《白扇》上下本。初七日，《□□□》全本，《大辞店》；夜，川戏一本；《闹花灯》《□□□》。初八日，川戏一本；夜，《血□□》全本。"

位于祁门坑口村会源堂古戏台四周的题壁，是迄今为止戏班题壁数量最多的一处。密密麻麻的题壁文字，随着岁月的剥蚀，不少已经变得模糊而难以清晰辨识。尽管如此，我们还是尽其所能，将这些珍贵的题壁文字按排列顺序照录于下："光绪六年九月，彩广班到此……"；"光绪五年九月初二日，长春班到此一乐。开台，《天河配》《战马超》《寻□□》"；"同治十二年九月十九日，祁栗里班到此一乐也"；"同治十二年，彩庆班到此"；"咸丰二年四月二十二日，德庆班《大辞店》；二十八日，《送姑娘看灯》《二堂罚戏》《莲子卖身》《会兄》《三家店》"；"江西景德镇市采茶剧团特约到此演出，1962 年 10 月 10 日"；"丙辰年二月二十一日，春一班"；"光绪五年五月十二日，四喜班进门，《纷河雁》，潜邑宋桂珍"；"喜庆班，五月十二日到此一乐，十二日夜，《珍珠塔》；十三日，《马金记》，夜，《长□记》；十四日，《罗裙记》《西厢记》”；“辛丑三年五月二十三日，鄱邑□□《天仙配》《李广催员》《空城计》《三司大审》《太白风》《□□□》《逼主》；二十四日，《罗裙记》《起舞》；二十五日，《文王上□》《太白登仙》《大战长沙》《鲁纲夺母》《莫台登坟》《白玉带》《藏相王》《火棍》《打棍片箱》；二十六日，《梦里□□》《花园得子》《和谷跑楼》《九龙骨》《李七管庆》《辕门折戟》”；“光绪二年闰五月初八日，鄱邑老双红班至此乐也，进门，《天仙配》《罗裙记》《打莲蓬》《战马超》《劝细姑》《蓝桥会》《卖长女》《父子会》《□□□》《□□□》《两□□》《孝义坊》《会□》《醉店》《装疯》《别妻》”；“老汉口新同春班，光绪廿五年九月十九日，老权、邱永庭、谢焕、郑正保”；“乙丑年杏月朔日，江西同乐班到此一乐，主人汪少宾”。

图 11-10 祁门县坑口村会源堂古戏台题壁文字

我们之所以将以上徽州古戏台的题壁文字一一照录，主要是因为这些题壁本身就是一种文化遗存。另外，我们更想做的是为戏剧史研究者提供一份最为珍贵而鲜活的徽州戏剧史原始资料。应当说，对这些具有唯一性、不可替代性和不可再生性的文化资源进行整理，对徽州丰富的民间文化遗产抢救和徽州戏剧史研究，势必会起到重要的推动作用，其学术价值是显而易见的。

三、徽州古戏台的历史、科学和艺术价值

徽州古戏台是徽派古建筑中的一朵奇葩，在中国戏剧史上占有极为重要的地位。特别是明清以来各时期戏台均有遗存，也是一部生动的实物舞台史，它具有鲜明的地方特色，既从一个侧面反映了徽州建筑艺术的造诣和成就，同时又融入其他地域文化的特点，是我们研究徽州文化、亚徽州文化和赣文化交融的支点，并可从中体会到建筑艺术的魅力。

徽州古戏台有利于我们了解研究明清时期徽州的社会经济、宗族制度、生活习俗和审美观念。明清时，封建统治者所倡导和宣扬的“三纲五常”“三从四德”的封建思想，不断地侵蚀和禁锢人们的思想，使人们的审美观念规范在狭隘的范围内。尽管徽商经济曾经产生过一些具有资本主义成分的萌芽，对封建社会的瓦解起了一定作用，但最终未能冲破传统理念的束缚，仍将其商业增值资本主要用于个人、家庭和宗族消费，大肆营建，过着奢侈的生活，大量留存的古戏台就是徽商及宗族文化消费的明证。

徽州古戏台及其建筑艺术从徽州现存的余庆堂古戏台、会源堂古戏台、敦典堂古戏台、阳春戏台的雕刻及装饰我们还可以看到：戏台立面布局严谨、造型优美。特别是余庆堂古戏台，其正立面上半部布有密檐斗拱，排列整齐，极为华丽美观（有的戏台是连绵图纹漏窗），下半部是浮雕人物隔板，连接上下两半的中间横板，全部雕刻着戏文故事，正额枋上雕刻有“福禄寿”图案，人物脸部神采奕奕，堪称为精品。月梁上有用浮雕与镂空雕相结合的人物画面：背景是山石岗峦、竹林曲径，一山一石、一树一木皆层次分明，纤细逼真。以动物、花卉、树木、八宝博古、云头、回纹、几何形体为内容的木雕则更多，几乎徽州所有的古戏台上都有；还有如龙、凤、狮、虎、象、麒麟及家禽家畜等，表现吉祥如意的喜（喜鹊）、禄（鹿）、封（蜂）、侯（猴）、“喜

事连（莲）年”、“鹿鹤同春”、“五福捧寿”、“喜鹊登梅”、“岁寒三友”等，均能独立成画，多半用完整的横梁雕刻表达。月梁上内容各异的戏剧题材画面，这也是徽派建筑从其形成过程中，受到当时当地的自然环境和人文观念的影响，显示出较鲜明的区域特色，是一种极具个性特征的文化现象。

戏台隔板上各时期的戏班题壁和台联，对研究地方戏剧史剧种、剧目的交流有重要的史料价值。

此外，藻井被科学地运用到徽州古戏台上，这对于地理环境相对封闭的徽州来说，是一种社会文明和技术进步，说明了徽州古代建筑师们对声学原理的掌握。

徽派古建筑不仅以民居建筑在国内外独树一帜，其他类型建筑如民居、祠堂、牌坊和桥梁等也颇具特色。形制分明的古戏台与祠堂整体建筑休戚相关、密不可分。它不仅使徽派古建筑增添了新的内容，而且对研究徽州聚落史和徽派建筑类型学也有重要的意义。

总之，徽州古戏台对于研究徽州区域文化、中国戏剧史、徽派建筑及中国建筑史均有重要的价值和意义，是一个值得继续深入探讨的重要课题。

参考文献

一、文集、政书、笔记、杂著文献

1.《周礼 仪礼 礼记》，岳麓书社 1989 年版。

2. [宋] 张载：《张载集》，中华书局 1978 年版。

3. [元] 赵汸：《东山存稿》，清刊本。

4. [明] 程敏政：《皇墩文集》，《四库全书》本。

5. [明] 程敏政辑撰，何庆善、于石校点：《新安文献志》，黄山书社 2004 年版。

6. [明] 夏言：《桂洲先生奏议》，明忠礼书院刻本。

7. [明] 李维桢：《大泌山房集》，明万历刻本。

8. [明] 吴子玉：《大鄣山人集》，《四库全书存目丛书》本。

9. [明] 汪道昆撰，胡益民、余国庆点校：《太函集》，黄山书社 2004 年版。

10. [明] 归有光：《震川先生集》，上海古籍出版社 1981 年版。

11. [清] 金声：《金太史集》，《乾坤正气集》本。

12. [清] 程庭：《春帆纪程》，载 [清] 王锡祺辑：《小方壶斋舆地丛钞》、补编、再补编，杭州古籍书店 1985 年版影印本。

13. [民国] 许承尧撰，彭超、李明回、张爱琴校点：《歙事闲谭》，黄山书社 2001 年版。

14. [民国] 吴日法：《徽商便览》，1919 年铅印本。

15. 佚名：《黄帝宅经》，民国刻本。

16. [明] 王君荣：《阳宅十书》，《古今图书集成本》。

17. [明] 王士性：《广志绎》，中华书局 1982 年版点校本。
18. [清] 符焕：《文昌帝君阴骘文直解》，清同治十年培心书室刻本。
19. [明] 古之贤：《新安蠹状》，明万历刻本。
20. [明] 谢肇淛：《五杂俎》，上海书店出版社 2001 年版。
21. [清] 赵吉士：《寄园寄所寄》，清光绪刊本。
22. [清] 李斗：《扬州画舫录》，中华书局 1960 年点校本。
23. [清] 江中俦、江正心：《新安景物约编》，清同治刻本。

二、地方志文献

1. 道光《安徽通志》，清道光十年刻本。
2. 光绪《重修安徽通志》，清光绪四年刻本。
3. 周心田主编：《安徽省志・文物志》，方志出版社 1998 年版。
4. 淳熙《新安志》，清光绪十年刻本。
5. 弘治《徽州府志》，明弘治十五年刻本。
6. 嘉靖《徽州府志》，明嘉靖四十五年刻本。
7. 康熙《徽州府志》，清康熙三十八年万青阁刻本。
8. 道光《徽州府志》，清道光十年刻本。
9. 徽州地区地方志编纂委员会：《徽州地区简志》，黄山书社 1990 年版。
10. 黄山市地方志编纂委员会：《黄山市志》，黄山书社 2010 年版。
11. 万历《歙志》，明万历三十七年刻本。
12. 天启《歙志》，明天启四年刻本。
13. 顺治《歙县志》，清光绪四年刻本。
14. 康熙《歙县志》，清康熙二十九年刻本。
15. 乾隆《歙县志》，清乾隆二十六年刻本。
16. 道光《歙县志》，清道光八年刻本。
17. 民国《歙县志》，民国二十六年铅印本。
18. 歙县地方志编纂委员会：《歙县志》，中华书局 1995 年版。
19. 歙县地方志编纂委员会：《歙县志》，黄山书社 2010 年版。

20. 黄山市徽州区地方志编纂委员会:《徽州区志》, 黄山书社 2012 年版。

21. [清] 佘华瑞纂:《岩镇志草》, 载《中国地方志集成乡镇志专辑》, 江苏古籍出版社 1998 年版影印本。

22. [清] 江登云纂、江绍莲续纂:《橙阳散志》, 载《中国地方志集成乡镇志专辑》, 江苏古籍出版社 1998 年版影印本。

23. [清] 凌应秋辑:《沙溪集略》, 载《中国地方志集成乡镇志专辑》, 江苏古籍出版社 1998 年版影印本。

24. [清] 罗斗:《溓川足征录》, 清康熙三十八年抄本。

25. 道光《潭滨杂志》, 清光绪二年排印本。

26. [民国] 吴吉祜纂:《丰南志》, 载江苏古籍出版社《中国地方志集成乡镇志专辑》, 江苏古籍出版社 1998 年版影印本。

27. 李新林主编:《郑村志》, 2010 年激光照排本。

28. 弘治《休宁志》, 明弘治四年刻本。

29. 嘉靖《休宁县志》, 明嘉靖二十七年刻本。

30. 万历《休宁县志》, 明万历三十五年刻本。

31. 康熙《休宁县志》, 清康熙三十二年刻本。

32. 道光《休宁县志》, 清道光三年刻本。

33. 休宁县地方志编纂委员会:《休宁县志》, 安徽教育出版社 1990 年版。

34. 休宁县地方志编纂委员会:《休宁县志》, 黄山书社 2012 年版。

35. 屯溪市地方志编纂委员会:《屯溪市志》, 安徽教育出版社 1990 年版。

36. 黄山市屯溪区地方志编纂委员会:《黄山市屯溪区志》, 方志出版社 2012 年版。

37. [清] 许显祖纂:《孚潭志》, 清雍正元年抄本。

38. [清] 施璜:《还古书院志》, 清道光二十三年刻本。

39. 嘉靖《婺源县志》, 明嘉靖十九年刻本。

40. 康熙《婺源县志》, 清康熙八年刻本。

41. 乾隆《婺源县志》, 清乾隆五十二年刻本。

42. 嘉庆《婺源县志》, 清嘉庆十二年刻本。

43. 光绪《婺源县志》, 清光绪九年刻本。

44. 光绪《婺源乡土志》，清光绪三十四年刊本。
45. 民国《婺源县志》，民国十四年刻本。
46. 婺源县地方志编纂委员会：《婺源县志》，档案出版社 1995 年版。
47. 万历《祁门县志》，明万历十八年刻本，合肥古籍书店 1961 年影印本。
48. 康熙《祁门县志》，清康熙二十二年刻本。
49. 道光《祁门县志》，清道光七年刻本。
50. 同治《祁门县志》，清同治十二年刻本。
51. 康熙《善和乡志》，清康熙抄本。
52. 光绪《善和乡志》，清光绪抄本。
53. 光绪《重修历济桥志》，清光绪刻本。
54. 祁门县地方志编纂委员会：《祁门县志》，安徽人民出版社 1993 年版。
55. 祁门县地方志编纂委员会：《祁门县志》，黄山书社 2008 年版。
56. 程成贵主编：《徽州文化古村——六都》，安徽大学徽学研究中心 2000 年编印。
57. 顺治《黟县志》，清顺治十二年刻本。
58. 康熙《黟县志》，清康熙二十二年刻本。
59. 乾隆《黟县志》，清乾隆三十一年刻本。
60. 嘉庆《黟县志》，清嘉庆十七年刻本。
61. 道光《黟县续志》，清同治十年刻本。
62. 同治《黟县三志》，清同治十年刻本。
63. 民国《黟县四志》，民国十二年刻本。
64. 民国《黟县乡土地理》，抄本。
65. 黟县地方志编纂委员会：《黟县志》，光明日报社出版社 1989 年版。
66. 黟县地方志编纂委员会：《黟县志》，黄山书社 2012 年版。
67. [清] 汪云卿：《吾族先贤大略》，清抄本。
68. 万历《绩溪县志》，明万历九年刻本。
69. 乾隆《绩溪县志》，清乾隆二十一年刻本。
70. 嘉庆《绩溪县志》，清嘉庆十五年刻本。
71. 绩溪县地方志编纂委员会：《绩溪县志》，黄山书社 1998 年版。

72. 绩溪县地方志编纂委员会：《绩溪县志》，方志出版社 2011 年版。

三、谱牒文献

1. 弘治《新安黄氏会通谱》，明弘治十四年刻本。
2. ［明］戴廷明，程尚宽等撰，何庆善等点校：《新安名族志》，黄山书社 2004 年版。
3. 嘉靖《祁门善和程氏谱》，明嘉靖二十四年刻本
4. 嘉靖《新安休宁汪溪金氏族谱》，明嘉靖三十二年刻本。
5. 嘉靖《新安左田黄氏正宗谱》，明嘉靖三十七年刻本。
6.［明］程昌著、周绍泉校注：《窦山公家议校注》，黄山书社 1993 年版。
7. 隆庆《文堂乡约家法》不分卷，明隆庆六年刻本。
8. 万历《沙堤叶氏宗谱》，明万历七年刻本。
9. 万历《祁门清溪郑氏家乘》，明万历十一年刻本。
10. 万历《重修休邑城北周氏宗谱》，明万历二十四年刻本。
11. 万历《休宁范氏族谱》，明万历三十三年补刻本。
12. 万历《休宁宣仁王氏族谱》，明万历三十八年刻本。
13. 万历《萧江全谱》，明万历三十九年刻本。
14. 万历《休宁茗洲吴氏家记》，明万历间抄本。
15. 佚名：《商山吴氏宗法规条》，明万历抄本。
16. 崇祯《重修古歙城东许氏世谱》，明崇祯七年刻本。
17. 崇祯《古林黄氏重修族谱》，明崇祯十六年刻本。
18. 康熙《婺南云川王氏世谱》，清康熙四十五年刻本。
19. 康熙《环山方氏族谱》，清康熙四十一年刻本。
20. 康熙《藤溪陈氏宗谱》，清康熙十二年刻本。
21. 雍正《江村洪氏家谱》，清雍正八年刻本。
22. 雍正《潭渡孝里黄氏族谱》，清雍正九年校补刻本。
23. 雍正《茗洲吴氏家典》，清雍正十一年紫阳书院刻本。
24. 乾隆《重修古歙东门许氏宗谱》，清乾隆二年刻本。

25. 乾隆《新安徐氏墓祠规》不分卷，清乾隆九年刻本
26. 乾隆《弘村汪氏家谱》，清乾隆十三年刻本。
27. 乾隆《婺南云川王氏世谱》，清乾隆二十一年刻本。
28. 乾隆《汪氏义门世谱》，清乾隆三十六年刻本。
29. 嘉庆《棠樾鲍氏宣忠堂支谱》，清嘉庆十年家刻本。
30. 嘉庆《歙县桂溪项氏族谱》，清嘉庆十六年木活字本。
31. 嘉庆《南屏叶氏族谱》，清嘉庆十七年木活字本。
32. 嘉庆《歙西溪南吴氏世谱》，记事至嘉庆年间，清嘉庆抄本。
33. 道光《西递明经胡氏壬派宗谱》，清道光六年刻本。
34. 咸丰《湾里裴氏宗谱》，清咸丰五年敦本堂木活字本。
35. 同治《营前方氏宗谱》，清同治八年刻本。
36. 光绪《祁门倪氏族谱》，清光绪二年刻本。
37. 光绪《梁安高氏宗谱》，清光绪三年刻本。
38. 光绪《南关惇叙堂许余氏宗谱》，清光绪十五年木活字本。
39. 宣统《华阳邵氏宗谱》，清宣统二年木活字本。
40. 光绪《坑口陈氏宗谱》，光绪抄本。
41. 民国《吴越钱氏七修流光宗谱》，1914 年木活字本。
42. 民国《济阳江氏统宗谱》，1919 年木活字本。
43. 民国《屏山朱氏重修宗谱》，1920 年刻本。
44. 民国《石潭吴氏宗谱》，1920 年木活字本。
45. 民国《明经胡氏龙井派宗谱》，1921 年刻本。
46. 民国《龙川胡氏祖宗谱》，1924 年抄本。
47. 民国《旺川曹氏族谱》，1927 年旺川敦睦堂木活字本。
48. 民国《绩溪庙子山王氏谱》，1935 年铅印本。
49. 民国《巨川毕氏宗谱》，1944 年刻本。
50. 民国《绩邑柳川胡氏宗谱》，1946 年刻本。

四、部分碑刻资料

1.《元元统二年歙县璜蔚乡天堂村元墓生茔碑、石浮雕》，原碑和石雕现藏于安徽省歙县博物馆。

2.《明正德元年八月徽州知府何公德政碑》，原碑现存于安徽省歙县新安碑园。

3.《明万历二十四年仲春徽州区潜口汪金紫祠碑记》，原碑现立于安徽省黄山市徽州区潜口镇汪氏金紫祠碑亭内。

4.《清乾隆二十七年五月初十日婺源思溪合村山场禁示碑》，原碑现嵌于江西省婺源县思口镇思溪村一古庙前墙上。

5.《清乾隆五十年十二月婺源县严禁盗伐汪口向山林碑》，原碑现嵌于婺源县江湾汪口村旧乡约所墙内。

6.《清乾隆五十六年孟冬月黟县西递村乐输建造宗祠碑》，原碑现立于安徽省黟县西递村村口。

五、资料汇编及研究论著

1. 安徽省博物馆：《明清徽州社会经济资料丛编》，中国社会科学出版社 1988 年版。

2. 胡时滨、舒育玲：《中国明清民居博物馆：西递》，黄山书社 1993 年版。

3. 赵所生主编：《中国历代书院志》，江苏教育社出版社 1995 年版。

4. 张国标编撰：《徽派版画艺术》，安徽美术出版社 1996 年版。

5. 朱静编译：《洋教士看中国朝廷》，上海人民出版社 1996 年版。

6. 周绍泉、赵华富主编：《’95 国际徽学学术研讨会论文集》，安徽大学出版社 1997 年版。

7. 周维权著：《中国古典园林史》，清华大学出版社 1999 年版。

8. 舒松钰：《黟山风物诗词选》，黟县 2001 印。

9. 卞利：《徽州古桥》，辽宁人民出版社 2002 年版。

10. 陈琪、张小平、章望南：《徽州古戏台》，辽宁人民出版社 2002 年版。

11. 柯灵权：《徽州村落礼教钩沉》，中国文史出版社 2002 年版。

12. 朱杰人、严佐之、刘永翔等主编：《朱子全书》，上海古籍出版社、安徽教育出版社 2002 年版。

13. 黄山市徽州文化研究院编：《徽州文化研究》（第一辑），黄山书社 2002 年版。

14. 黄山市徽州文化研究院编：《徽州文化研究》（第一辑），安徽人民出版社 2004 年版。

15. 黄山市徽州文化研究院编：《徽州文化研究》（第三辑），黄山书社 2004 年版。

16. 程必定、汪建设等主编：《徽州五千村》，黄山书社 2004 年版。

17. 卞利：《明清徽州社会研究》，安徽大学出版社 2004 年版。

18. 赵华富：《徽州宗族研究》，安徽大学出版社 2004 年版。

19. 刘伯山：《徽州文书》第二辑，广西师范大学出版社 2005 年版。

20. 卞利：《徽州民俗》，安徽人民出版社 2005 年版。

21. 李琳琦：《徽州教育》，安徽人民出版社 2005 年版。

22. 陆林、凌善金、焦华富：《徽州村落》，安徽人民出版社 2005 年版。

23. 朱永春：《徽州建筑》，安徽人民出版社 2005 年版。

24. 赵厚均、杨鉴金编注：《中国历代园林图文精选》（第三辑），同济大学出版社 2005 年版。

25. 汪汉水：《荆州遗韵》，2009 年激光照排本。

26. 贺为才：《徽州村镇水系与营建技艺研究》，中国建筑工业出版社 2010 年版。

27. 赵华富：《徽州宗族论集》，人民出版社 2011 年版。

28. 刘托、程硕、黄续、乔宽宽、章望南：《徽派民居传统营造技艺》，安徽科学技术出版社 2013 年版。

29. 卞利：《明清徽州族规家法选编》，黄山书社 2014 年版。

30. 卞利主编：《徽州文化史（近代卷）》，安徽人民出版社 2014 年版。

后 记

作为传统徽州人生产与生活的重要空间，徽州传统聚落与各类古建筑遗存非常丰富。这些数量巨丰的传统聚落和古建筑遗存不仅类型繁多，而且内容丰富，蕴藏着极为深刻的文化内涵与信息，既是徽学不可缺少、价值弥足珍贵的研究对象之一，也是徽学研究的第一手实物资料。它在复原与重构徽州过去的物质和精神生产与生活图景，传承与创新徽州建筑关键技术等方面，具有不可替代的学术价值和实践意义。

正因为徽州传统聚落与古建遗存具有如此重要的学术价值和现实意义，故我从2000年起即主持承担了教育部人文社科重点研究基地重大项目——安徽大学徽学研究中心的《徽州文化遗存的调查与研究》（项目批准号：2000ZDXMZH002），并于2005年鉴定结项（证书号：05JJD0019)。十多年来，我同课题组部分成员一道，几乎走遍了徽州歙县、休宁、婺源、祁门、黟县和绩溪六县的山山水水，调查、收集和拍摄了数以万计的徽州聚落及各类古建筑地面文化遗存文字资料及实物图片，并与现存的徽州方志、家谱和文书等相关文献资料相结合，对其进行系统而深入的探讨和研究。全方位的田野调查的展开，不仅加深了我和课题组成员对徽州文化深层次的认识与理解，而且结识了一批当地的徽学研究者和爱好者，甚至最基层的农民朋友。他们对课题组成员的调查与研究给予了多方面无私的帮助和关照，并与我和课题组成员一道，共同分享或经历了田野调查中的喜悦和艰辛。其间，我还根据田野调查资料，结合徽州文书文献资料，相继撰写和出版了《胡宗宪评传》《徽州古桥》《明清徽州社会研究》《徽州民俗》和《中国最美乡村：江西婺源》等著作。可以说，田野调查使我和课题组成员受益匪浅，收获丰硕。

2011年10月，我在台湾东吴大学讲学期间，承蒙时任安徽大学校长程桦教授的鼎力推荐，我作为子课题《徽州传统建筑营建理念挖掘及新徽派建筑创作关键技术研究》（课题编号：2012BAJ08B03）负责人之一，参加了安徽建筑大学（课题申报时为“安徽建工学院”）科技部支撑项目《徽州传统聚落营建与技术挖掘和传承关键技术研究及示范》（项目编号：2012BA-J08B00）的论证与申报，并于2012年成功获准立项。在此，谨向程桦校长致以最衷心的感谢！

本子课题组成员包括黄山市徽州文化博物馆副馆长章望南研究馆员，安徽建筑学院夏淑娟博士，安徽大学历史系周致元教授、江小角教授，安徽大学徽学研究中心副主任胡中生研究员、张小坡副研究员和付丁群女士。在课题申报期间，胡中生副主任做了大量的组织工作，谨向他表示感谢。由于科研任务繁重，有些课题组成员未能参加本子课题的调查和研究工作，但我依然要向他们致以谢意。感谢他们顾全大局，全力支持本子课题的申报！

如今，经过近五年筚路蓝缕的文献研究和田野调查，本子课题业已圆满完成了全部任务，顺利通过了鉴定结项。呈现在大家面前的《徽州传统聚落规划和建筑营建理念研究》和《徽州聚落规划和建筑图录》两部著作，正是以上项目的最终研究成果。

《徽州传统聚落规划和建筑营建理念研究》由我和夏淑娟博士、章望南研究馆员共同完成。现将其分工进行说明：我本人负责该成果的布局谋篇、全部书稿统稿与最终定稿、图片选录等工作，并独立撰写了绪论、第一章、第四章、第六章、第七章和第十章内容；章望南研究馆员负责第十一章的撰写任务；夏淑娟博士负责第二章、第三章、第八章、第九章的撰写任务；第五章是已故歙县博物馆邵国榔先生参加《徽州文化遗存调查与研究》项目时专门为课题撰写的，因内容非常丰富，符合本子课题的要求，现亦一并收入本书。

《徽州聚落规划和建筑图录》是本子课题的又一重要成果，它与《徽州传统聚落规划和建筑营建理念研究》构成了一个有机的整体，堪称是《徽州传统聚落规划和建筑营建理念研究》的姊妹篇。该成果是本人在阅读近五百种徽州家谱的基础上经过精心选择和认真辑录而成的，其中包括传统徽州聚落特别是村落基址的原始景观和祠堂等单体建筑图录。这些珍贵的图录，对徽州建筑的文化理念及关键技术的传承，具有不可估量的学术价值和理论意义，它的出版面世必将对包括徽州聚落和古建筑研究在内的徽学研究起到重要的推进作用。安徽建筑大学毕业硕士胡建和夏淑娟博士推荐的两位在读硕士生，为本成果图片的修复付出了不少劳动。在此，谨向他（她）们表示感谢！

在该项成果即将出版之际，我还要特别感谢安徽建筑大学的校长方潜生教授和该校建筑规划学院副院长刘仁义教授！在本子课题的论证、立项、调查和研究过程中，他们给予了极为热情而中肯的指导与周到的服务。黄山建筑设计研究院洪祖根院长在协调本子课题研究中，给予积极支持。在此，也向他致以谢意！安徽人民出版社李莉主任为本成果出版倾注了大量心血，在此，谨向她表示由衷的感谢！

由于时间仓促，资料不全，加之本人和课题组成员大都系历史学等文科专业背景，对建筑规划学知识知之甚少。因此，本书尚存在一定不足和遗漏，甚至讹误之处，敬请广大读者批评指正。

卞　利

2017年6月30日于

南开大学历史学院